防空武器系统试验平行仿真技术

邸彦强 孟宪国 冯少冲
葛承垄 李 婷 李前进 著

国防工业出版社

·北京·

内 容 简 介

本书以靶场试验理论与方法为基础,以防空武器系统射击试验为对象,将建模仿真技术、虚拟现实技术与靶场射击过程相结合,介绍了防空武器系统试验平行仿真的一般方法与主要技术。主要内容包括虚实靶场资源的融合方法、靶场异构资源互联技术、基于抽样的航迹生成方法、基于误差模型的航迹生成方法等,建立了试验平行仿真系统体系结构,梳理了系统仿真运行流程。

本书对信息化条件下常规兵器靶场试验平行仿真技术研究具有一定的参考价值,可以作为靶场试验技术人员、管理人员以及相关专业研究生等的参考书。

图书在版编目（CIP）数据

防空武器系统试验平行仿真技术 / 邸彦强等著. —北京：国防工业出版社，2024.6
ISBN 978-7-118-13215-1

Ⅰ. ①防… Ⅱ. ①邸… Ⅲ. ①防空武器-武器系统 Ⅳ. ①E926.4

中国国家版本馆 CIP 数据核字（2024）第 066479 号

※

国防工業出版社 出版发行
（北京市海淀区紫竹院南路 23 号　邮政编码 100048）
北京虎彩文化传播有限公司印刷
新华书店经售

开本 710×1000　1/16　印张 8¼　字数 146 千字
2024 年 6 月第 1 版第 1 次印刷　印数 1—1000 册　定价 78.00 元

（本书如有印装错误，我社负责调换）

国防书店：(010)88540777　　书店传真：(010)88540776
发行业务：(010)88540717　　发行传真：(010)88540762

前　言

国家靶场鉴定试验涉及众多武器种类，防空武器系统就是其中一类重要的被试武器系统。在防空武器系统鉴定试验中，对空射击（飞行）试验是最重要的试验项目之一。考核的是武器系统的对空射击精度，其是整个武器系统设计性能的综合反映。防空武器系统试验平行仿真技术是一种"虚实结合"的试验技术，采用构造仿真、虚拟仿真、实况仿真相结合的方式，将真实的射击过程与虚拟靶机的飞行状态通过虚实混合试验环境结合在一起，在虚拟空间完成试验过程，以虚拟靶机替代真实靶机，可以节约试验成本，缩短试前准备周期，提高试验效率。

本书是编者及其团队根据防空武器系统对空射击（飞行）虚拟试验技术科研任务总结而成，以靶场试验理论与方法为基础，以防空武器系统射击试验为对象，基于建模仿真、虚拟现实和数理统计等理论技术，以被试武器系统、参试设备、参试单位、靶机航迹的数学模型为核心，建立试验平行仿真系统体系结构，系统介绍了防空武器系统试验平行仿真原理、试验模式与组织流程等业务内容，以及航迹生成、虚实靶场资源融合、脱靶量计算、异构资源互联等关键技术。

本书共分 7 章。第 1 章概要介绍了防空武器系统试验的基本过程、需求分析和试验平行仿真技术的主要研究内容。第 2 章至第 6 章系统介绍了试验平行仿真技术原理，基于抽样和误差模型的航迹生成，虚实靶场资源融合，虚实混合试验环境中脱靶量的计算。第 7 章主要介绍了互联集成技术及原型系统。

在本书撰写过程中，试验与训练基地的韦国军、孙兆友高工给予了全力支持与帮助，杨琳、葛承垄同学在攻读博士、硕士学位期间参与了相关科研项目，为本书提供了的大量支撑数据和材料，编者在此表示衷心感谢。

由于编者水平有限，书中难免存在不足之处，恳请读者批评指正。

编　者
2024 年 1 月

目 录

第1章 试验平行仿真技术基本概念 1
   1.1 研究背景及试验平行仿真概念 1
   1.2 射击试验原理与流程 2
   1.3 试验平行仿真技术目的意义 4
   1.4 试验平行仿真技术研究目标 5
   1.5 试验平行仿真的相关技术 5

第2章 试验平行仿真技术原理 7
   2.1 设计思想 7
      2.1.1 平行试验思想 7
      2.1.2 LVC仿真思想 8
   2.2 试验平行仿真系统原理与体系结构 8
   2.3 技术体系 10
   2.4 虚实混合试验模式与组织流程 11

第3章 基于抽样的航迹生成方法 14
   3.1 问题描述与分析 14
   3.2 模型与方法 15
      3.2.1 目标航次实测数据统计分析模型 15
      3.2.2 样本量确定算法模型 20
      3.2.3 抽样算法模型 22
      3.2.4 抽样方法的验证 25
   3.3 算例与结果 33
      3.3.1 数据准备 33
      3.3.2 动态精度飞行试验航次数量的确定 38
      3.3.3 对空射击虚实混合试验目标实测数据的生成 43
      3.3.4 抽样方法的验证 45

第4章 基于误差模型的航迹生成方法 48

4.1 问题描述与分析 ·· 48
4.2 雷达测量误差模型构建 ·· 49
  4.2.1 测量误差模型形态构建 ·································· 49
  4.2.2 测量误差模型参数估计 ·································· 52
  4.2.3 雷达测量误差模型验证 ·································· 53
4.3 仿真航迹测量数据生成 ·· 59
  4.3.1 理想航迹生成 ·· 60
  4.3.2 仿真测量航迹数据生成实例 ······························ 66

第 5 章 数字试验环境中虚实靶场资源的融合方法 ··············· 70
5.1 数字试验环境中的虚实资源分析 ······························ 70
  5.1.1 虚实资源静态分析 ·· 70
  5.1.2 虚实资源信息流动态分析 ································ 71
  5.1.3 虚实靶场资源融合的关键问题 ···························· 72
5.2 虚实资源的空间配准问题 ······································ 73
  5.2.1 问题分析 ·· 73
  5.2.2 多坐标系映射 ·· 74
5.3 虚实资源的时间配准问题 ······································ 76
  5.3.1 问题分析 ·· 76
  5.3.2 基于外推的时间配准 ···································· 78
5.4 航迹注入方法 ·· 81
  5.4.1 航迹注入的目的与技术途径分析 ························ 81
  5.4.2 基于 CAN 总线的航迹注入装置 ························ 82
5.5 测量设备交互方法 ·· 83

第 6 章 试验平行仿真环境中脱靶量计算方法 ····················· 85
6.1 传统模式下的脱靶量计算方法 ·································· 85
  6.1.1 目标真值和弹丸坐标值的计算 ···························· 85
  6.1.2 时序识别 ·· 85
  6.1.3 空序识别 ·· 86
  6.1.4 脱靶量的计算 ·· 87
6.2 在虚拟空间中脱靶量计算方法 ································ 88
  6.2.1 脱靶量计算过程 ·· 89
  6.2.2 脱靶量计算方法 ·· 90

第 7 章 TENA 靶场异构资源互联技术 92

7.1 TENA 简介 92
7.2 TENA 互联基本方法 93
7.2.1 逻辑靶场的概念与结构 93
7.2.2 异构资源互联基本结构与过程 95
7.2.3 TENA 分布交互服务 97
7.3 基于 TENA 的靶场异构资源互联 107
7.3.1 靶场异构资源交互结构 107
7.3.2 虚实资源交互信息流分析 108
7.4 原型系统构建 113
7.4.1 原型系统节点分布与互联关系 113
7.4.2 各个节点功能与界面 114
7.4.3 系统整体运行的时序图 121

参考文献 124

第1章 试验平行仿真技术基本概念

防空武器系统对空射击（飞行）试验平行仿真技术是一项全新的试验模式，是未来信息化条件下对实物试验传统观念的转变。防空武器系统对空射击（飞行）试验平行仿真技术通过将建模仿真技术、虚拟现实技术与靶场实弹射击过程相结合，将真实射击过程映射到虚拟空间，在虚拟场景中完成对空射击（飞行）试验过程。这不仅降低了试验成本、缩短了试验周期，使试验结果更准确、客观，对促进靶场信息化建设、实现试验观念和试验模式的转变都具有十分重要的意义。通过对试验平行仿真技术进行深入细致的研究，形成科学可行的防空武器对空射击（飞行）试验平行仿真方法，可达到节约试验成本、缩短试验周期的目的。同时该项技术研究对靶场在转变试验理念、创新试验方法等方面，可以起到一定的启发和探索作用。

1.1 研究背景及试验平行仿真概念

国家靶场鉴定试验涉及众多武器种类，防空武器系统就是其中一类重要的被试武器系统。在防空武器系统鉴定试验中，对空射击（飞行）试验是最重要的试验项目之一，考核的是武器系统的对空射击精度，其是整个武器系统设计性能的综合反映。目前，靶场在高炮武器系统射击精度试验中具有一套成熟的试验方法，已组织完成了多项高炮武器系统的对空射击精度试验任务。按照靶场现有试验方法，高炮武器系统射击精度试验是以航模作为目标靶机，随着高炮武器系统性能的不断提升，对高速航模靶机的需求也日益增加。这样现有对空射击精度试验方法就面临试验成本的问题：每次对空射击试验，仅航模靶机一项的试验消耗就有可能达到数百万元，靶机的试验消耗成为影响整个对空射击试验成本的不容忽视的一部分。另外，现有对空射击试验需要同时完成对靶机、弹丸的测试，涉及的参试设备、参试单位众多，试前准备周期长，试验实施过程复杂。

防空武器系统对空射击（飞行）试验平行仿真技术是一种"虚实结合"的试验技术。采用构造仿真、虚拟仿真和实况仿真相结合的方式，将真实的射击过程与虚拟靶机的飞行状态通过虚实混合试验环境结合在一起，在虚拟空间完成试验过程。最终实现以下效果：

（1）以虚拟靶机替代真实靶机，节约试验成本；

（2）以靶机的虚拟飞行替代真实飞行，简化试验组织，缩短试验周期；

（3）通过将被试系统对真实飞机的跟踪精度反映到虚拟航迹中，并将被试武器系统实弹射击过程映射到虚拟空间，相当于被试武器系统在虚拟空间完成对真实飞机的对空射击试验，使试验结果更可信；

（4）通过构造仿真、虚拟仿真、实况仿真结合，可再现试验过程，进行技术分析；

（5）通过虚实混合试验与真实试验的相互验证，使虚实混合试验在一定程度上部分替代真实试验，达到节约试验用弹量的目的。

1.2　射击试验原理与流程

高炮武器系统对空射击精度试验是常规兵器靶场武器系统设计定型试验的核心内容之一，根据国军标 GJB3856-1999《高炮综合体定型试验规程》，靶场牵引式高炮武器系统对空射击精度试验原理如图 1-1 所示。

牵引式高炮综合体对空射击精度试验实施基本流程为：

（1）检查被试高炮武器系统并使其处于正常工作状态；

（2）按图 1-1 所示，把标准测量设备就位于事先测量好的固定点位上，被试品就位于要求的阵地上，数据采集设备与被试品正确连接，飞行目标航前准备就绪；

（3）火控、火力系统标定，装定弹道气象条件修正量，弹药准备完毕；

（4）在试验指挥所统一指挥下，飞行目标按要求的航路重复飞行；

（5）依据试验指挥工作程序协调试验，按试验题目规定的要求实施射击；

（6）目标测量标准设备测量飞行目标坐标，脱靶量测量标准设备测量命中区域内曳光弹的弹道或炸点，数据采集设备收集被试品特征参数及射击诸元。

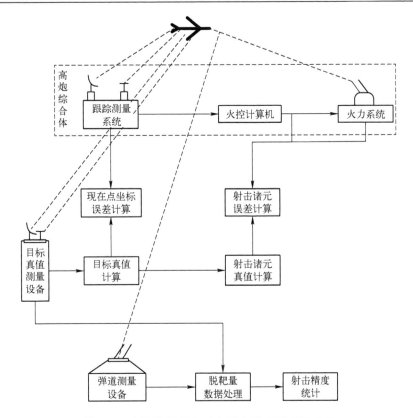

图 1-1　高炮武器系统对空射击精度试验原理图

靶场当前试验模式存在以下不足：

（1）在高炮武器系统对空射击精度试验中，理论上要求目标靶机为真实作战飞机，而实际试验是以航模靶机代替真实作战飞机，这样在计算武器系统毁伤效能时，需要确定航模靶机到作战飞机之间的变换关系，从而使武器系统毁伤效能的计算变得复杂，并且产生换算误差。

（2）为完成对空射击试验任务，一般需要3~5个航模靶机架次，数十个航次，而低速航模靶机成本为每架十几万元，高速航模靶机每架达到100万元以上，航模靶机的一般使用寿命是十几个航次，每个航次所消耗的火工品成本有数千元左右。由此可见，按照靶场现有试验方法，仅航模靶机一项的试验消耗最高能达到数百万元，最低也有数十万元，航模靶机的试验消耗成为影响整个试验成本的不容忽视的一部分。

（3）面对被试武器系统先进性和复杂性大幅提高所导致的试验成本急剧增加这一问题，靶场当前试验能力已无法满足试验需求。

因此，靶场迫切需要在不降低试验结果置信度的前提下，应用先进科学技术，降低试验成本，缩短试验周期，提高试验效益，高炮武器系统对空射击试验平行仿真技术的研究是一条有效途径。

1.3 试验平行仿真技术目的意义

在武器系统设计定型试验中，射击（飞行）试验是其中的核心内容之一。为了更好、更快、更经济地完成靶场防空武器系统射击（飞行）试验任务，进一步促进靶场试验理念的转变和试验方法的创新，需要就防空武器系统对空射击（飞行）试验平行仿真技术进行研究。靶场于 20 世纪 90 年代就仿真技术的靶场应用展开了相应研究，但由于经费、型号任务等诸多原因，制约了仿真技术在靶场的应用。在靶场的高新复杂武器系统定型试验中，仿真技术应用基本处于一片空白。而试验平行仿真技术的研究，对加强靶场建模仿真专业的建设、促进仿真技术的靶场应用能起到积极推动作用。其必要性体现在：

（1）降低试验成本、缩短试验周期。靶场经典试验方法是以航模靶机替代真实的作战飞机。航模靶机消耗巨大，增加了整个对空射击（飞行）试验的成本。另外，试验实施受设备技术状态，天气状况等因素影响多，试验周期往往很长。采用试验平行仿真技术可以有效降低试验成本，缩短试验周期。

（2）更科学地反映防空武器系统的毁伤效能。靶场经典试验方法中，以航模靶机代替真实飞机，通过变换计算武器系统毁伤效能，计算过程复杂，存在换算误差与测试误差。虚实混合试验下产生的目标测量值更能贴近真实的飞机航迹特性，使试验结果更可信。

（3）为将来顺利完成复杂大型武器装备动态射击试验提供良好借鉴作用。复杂大型武器装备动态射击试验涉及庞大的武器装备群、仿真设备群、测试设备群、靶标群以及多个试验场区。试验时要求营、连、班等不同建制的各作战单元在规定的道路、阵地以及不同的电磁环境、光电环境、目标环境条件下，按一定的要求进行行军、开进、展开，并根据任务要求对各类靶标进行机动、侦察、搜索、捕获、跟踪，经解算和装定射击诸元后，完成射击、转移等一系列动作。与此同时，各类测试设备要完成对武器系统各种状态数据、脱靶量和着靶参数等的测量和采集。试验规模如此巨大、试验环境要求如此苛刻的动态射击试验，是对靶场试验能力的考验。通过对防空武器系统对空射击（飞行）试验平行仿真技术的深入研究，能在动态射击试验时对多武器系统联合试验所要求的体系结构、接口关系、对象模型、实体交互和通信机制等方面有所突破，进而实现基于建模仿真技术的虚实混合试验方法，才能有效解决复杂大型装备动态射击试验所面临的各种问题。

1.4 试验平行仿真技术研究目标

防空武器系统试验平行仿真技术研究目标如下：

（1）靶机航迹测量值生成算法所生成的测量值数据反映出被试系统对真实目标的跟踪误差特性，在一定置信度水平下替代试验中的真实靶机飞行。

（2）通过将虚拟靶机航迹信息和被试武器系统的实弹射击过程映射到虚拟数字试验环境中，在虚拟环境中完成对空射击（飞行）试验任务，并基于虚拟数字试验环境完成脱靶量解算。

（3）完成靶机航迹数据到典型被试系统数字火控设备的注入接口技术研究，实现航迹数据注入功能。

（4）完成典型测试设备与试验平行仿真系统的互联技术研究，实现参试设备与试验平行仿真系统的互联。

1.5 试验平行仿真的相关技术

防空武器系统试验平行仿真的相关技术如下：

1. 虚实混合试验模式设计

通过对防空武器系统对空射击（飞行）试验基本原理及其实施过程进行分析，针对试验中存在的试验成本、试验误差、试验周期等突出问题，提出相应的虚实混合试验模式。生成目标测量值数据，解算理想射击诸元，驱动火力系统进行射击，考核全系统精度采用"虚实结合"的综合试验模式，以虚实混合试验替代或部分替代真实试验的模式，可以达到降低成本、提高效率、缩短试验周期的目的。

2．靶机航迹测量值生成方法研究

靶机航迹测量值生成方法分为两种：①利用靶场已有实测数据抽样产生，在动态精度飞行试验基础上，通过对动态精度飞行试验数据进行抽样产生所需的靶机航迹测量值数据及与之相对应的真值数据，并应用于武器系统虚拟射击（飞行）试验中；②通过建立雷达测量误差模型，采用理想航迹与雷达测量误差叠加的方法生成，由于被试武器系统的复杂性，建立通用的雷达跟踪误差模型显然是不现实的，因此，采用统计学的方法，并以大量靶场实测数据为支撑，研究建立一套雷达系统跟踪误差的统计分析方法。

3．靶机航迹测量值数据到被试系统的注入接口技术研究

注入接口是被试武器与试验平行仿真系统之间进行数据交互的硬件接口设备，由于被试武器系统多种多样，其物理接口电气关系各异、数据传输协议也不同，因此需要根据实际情况设计软硬件形式不同的注入接口。

4．虚拟数字试验环境下的脱靶量解算及验证技术研究

基于虚拟仿真技术构建虚拟数字试验环境，将虚拟靶机、仿真航迹和实测弹迹等信息合成到该虚拟数字试验环境中，并在该环境下精确计算脱靶量。

5．基于试验与训练使能体系结构（TENA）的靶场异构资源互联技术研究

针对防空武器系统对空射击（飞行）虚实混合试验中测试设备、仿真系统和被试系统等资源的互联问题，研究基于TENA及其中间件的资源互联技术。

第 2 章 试验平行仿真技术原理

防空武器系统试验平行仿真技术的设计思想源于平行试验和 LVC 仿真。在此基础上，本章阐述了试验平行仿真系统原理和体系结构、虚实混合试验模式与组织流程，以及技术体系。

2.1 设计思想

2.1.1 平行试验思想

平行试验是在复杂性科学理论和计算机仿真技术快速发展条件下提出的一种以武器装备体系作战效能试验为目标的方法体系，其基础是由现实靶场和人工靶场构成的平行靶场。现实靶场是根据武器装备技术性能测试的需求而确定的特定的物理环境和空间，通常受可用资源约束，规模和功能是受限的。人工靶场是基于多 Agent 建模、行为建模和计算机仿真技术构建的数字环境，是对现实靶场的映射和拓展。平行试验的基本思想是通过现实靶场和人工靶场相补充、物理试验和计算试验相结合的途径，实现武器装备技术性能测试向体系对抗效能评估拓展。在平行试验理论框架下，现实靶场是平行靶场的子空间，物理试验结果是体系效能试验结果的子集，而在人工靶场进行的计算试验可将物理试验结果拓展为武器装备体系效能的全维信息，从而实现单一武器或武器系统技术性能试验向体系效能试验的拓展。在本书中物理试验即代表着"真实资源"，计算试验即代表着"虚拟资源"，本书深入研究平行试验基本理论，探索在高炮武器系统射击试验环境中平行试验的实施方法与途径，将高炮武器系统射击试验中的"真实资源"和"虚拟资源"融合到统一试验环境中，实现对高炮武器装备作战指标的试验鉴定。

2.1.2 LVC 仿真思想

从某种意义上讲，在建模与仿真领域内所有的资源均可称为仿真资源。按照人在其中参与的程度，可以将军事仿真资源分为三种类型：真实的仿真资源（Live）、虚拟的仿真资源（Virtual）和构造的仿真资源（Constructive）。由真人操作真实的武器装备称为真实仿真；由真人操作虚拟的武器装备称为虚拟仿真；由虚拟的人操作虚拟的装备称为构造仿真。真实的（L）、虚拟的（V）、构造的（C）三类仿真资源的任意组合构建的仿真系统，均称为 LVC 仿真系统。LVC 体系结构的核心问题是解决了同一标准下三种仿真资源的互操作问题，网关或桥接器将异构系统互联，建立更大规模的仿真环境。这与本书涉及的靶场虚实资源交互问题本质上是一致的，试验平行仿真环境涉及的虚实资源包括靶场内部不同系列的传感器、网络、硬件以及软件，它们往往遵循各自的传输协议和数据格式，坐标系统、状态更新粒度及时间理解也不统一，这就需要构建一种互联试验环境，实现靶场内部资源互操作。

在 LVC 仿真思想的指导下，美军提出的适用于试验与训练领域的体系结构试验与训练使能体系结构（TENA），将试验、训练、仿真和高性能计算集成起来，能极大改进靶场资源的互操作和重用。TENA 的核心包括三个部分，即 TENA 对象模型、TENA 中间件以及一系列指导 TENA 逻辑靶场的建立、运行的规则。TENA 中间件是在执行靶场事件时靶场应用和工具所使用的高性能、低延迟的通信基础设施，所有在靶场系统间的数据交换和控制命令传输都由该中间件完成。建立 TENA 中间件所要表达的实质问题是靶场信息处理系统相互之间的互操作问题，TENA 中间件的目的就是支持可互操作的、实时的、面向对象的分布系统应用的建立。本书借鉴 TENA 思想和中间件接口形式，研究我军靶场资源的互操作技术。

2.2 试验平行仿真系统原理与体系结构

防空武器系统对空射击（飞行）试验平行仿真就是利用被试武器跟踪系统跟踪真实作战飞机所得到的跟踪数据，在射击试验中将其直接注入被试武器系统，以虚拟靶机作为目标靶机，被试武器解算系统通过对所生成航迹的解算，经随动系统驱动火炮完成对虚拟靶机的射击。同时光学弹道测量设备对弹丸进行测量，通过弹丸数据与航迹数据实时计算弹目偏差，最终得出脱靶量结果。其基本原理如图 2-1 所示，被试武器跟踪系统的跟踪数据由该武器的动态精度飞行试验积累，跟踪数据分为两部分：一是目标测量值数据，其由武器系统的跟踪设备在跟踪真实目标时输出；二是目标真值数据，其由光学弹道测量设备在跟踪真实目标时输出。在进行对空射击虚实混合试验时，用目标测量值数据替代目标坐标测定器的测量值，将目标测量值数据注入到被试武器系统中，解算射击诸元，驱动火力系统进行射击；用目标真值数据引导弹道坐标测量设备，得到真实弹丸的弹道坐标数据，通过脱靶量数据处理分析武器系统射击精度。

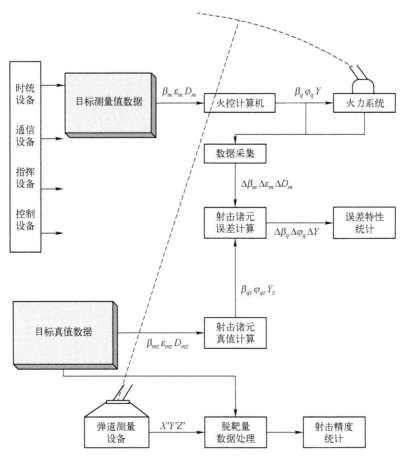

图 2-1　高炮武器系统对空射击试验平行仿真原理

如图 2-2 所示，试验平行仿真系统主要由虚拟计算资源、实际物理资源以及资源经虚实融合环节构成的数字试验环境组成。虚拟计算资源包括靶机航迹的测量值/真值数据、数字试验环境中的靶场数字地形、测量设备/武器系统/靶机/弹丸/靶场地物等三维模型。实际物理资源包括被试武器系统、弹丸和测量设备等，实际物理资源在数字试验环境中有相应的三维模型与之对应。虚实融合环节包括航迹注入接口、设备引导接口和弹丸坐标数据映射等，主要完成虚实资源之间的同步，如通过航迹注入接口实现数字试验环境中的虚拟靶机目标与火控计算机计算的目标诸元之间的同步。

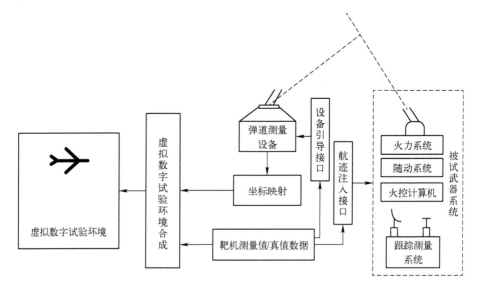

图 2-2　高炮武器系统对空射击（飞行）试验平行仿真系统体系结构

2.3　技术体系

防空武器系统对空射击（飞行）试验平行仿真系统相关支撑技术（图 2-3），共 3 类 30 项，图中带阴影框部分是本书研究涉及的内容，其他则是以往研究的成果积累，它们共同构成了防空武器系统对空射击（飞行）试验平行仿真系统的技术体系。

第 2 章 试验平行仿真技术原理

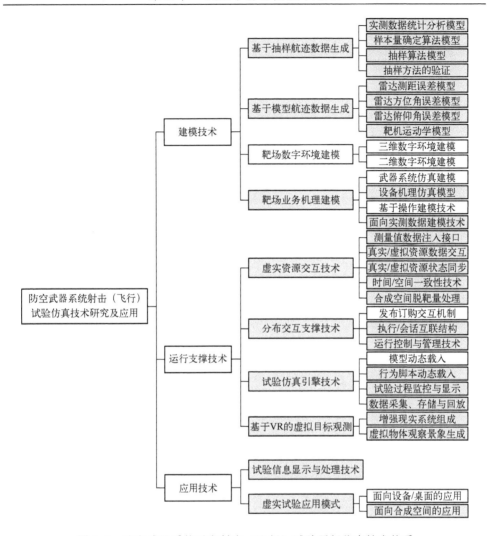

图 2-3 防空武器系统对空射击（飞行）试验平行仿真技术体系

2.4 虚实混合试验模式与组织流程

虚实混合试验模式的核心内容是生成目标测量值数据，解算理想射击诸元，驱动火力系统进行射击，考核全系统精度。结合传统的高炮武器系统射击试验流程（图 2-4），虚实混合试验分为两个阶段。一是动态精度飞行试验阶段，主

11

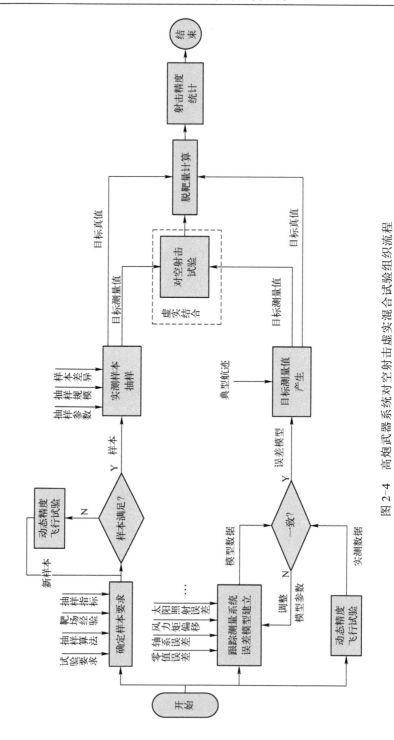

图 2-4 高炮武器系统对空射击虚实混合试验组织流程

要是获取目标航迹，对于不同的航迹产生方法完成对应的工作。针对基于抽样的航迹生产方法，这一阶段主要积累目标测量值和目标真值数据作为抽样样本，完成确定样本量、抽样算法的工作；针对基于误差的航迹产生方法，这一阶段主要是分析航迹误差来源、建立被试武器跟踪系统误差模型并使用动态精度飞行试验的数据对模型进行调整，通过典型航迹叠加误差模型的形式获取目标测量值和目标真值数据。二是高炮射击试验阶段，主要是利用第一阶段生成的航迹数据，将目标测量值数据注入到被试武器火控系统，同时用目标真值数据引导测量设备，武器系统驱动火力系统进行射击，测量设备测量弹丸轨迹数据，从而考核全系统精度。

第 3 章　基于抽样的航迹生成方法

航迹生成是进行试验的前提条件。本章针对常规标准试验条件下装备性能考核需求,阐述基于抽样的航迹生成方法。采用随机抽样方法抽取动飞航迹数据,用于驱动虚拟靶机飞行和被试装备火控解算,完成"虚飞实打"的对空射击试验。同时在抽样过程中,采用"3σ"准则对抽取的数据加以判定,以使虚拟混合试验与实际试验保持较好的一致性。

3.1　问题描述与分析

根据高炮武器系统对空射击试验平行仿真的原理,目标测量值数据的生成是虚实混合试验组织实施的关键。为有效生成虚实混合试验所需的目标测量值数据,需要解决如下问题:

(1) 动态精度飞行试验的有效航次。确定样本量 N 的大小,使得这 N 个有效航次数据在一定置信度范围内能够代表同一试验条件下的全部航次的数据特征。

(2) 对空射击虚实混合试验目标数据的抽样算法。明确可调整的抽样参数及抽样方法,以保证从实测数据中抽样生成的目标测量值数据满足对空射击虚实混合试验的需求。

(3) 目标测量值数据生成方法的验证。验证所生成的目标测量值数据代替目标飞行航次进行射击试验与实际试验的一致性程度,即用虚实混合试验替代实际试验的可信度。

本书对上述问题进行了系统研究,研究思路如图 3-1 所示。

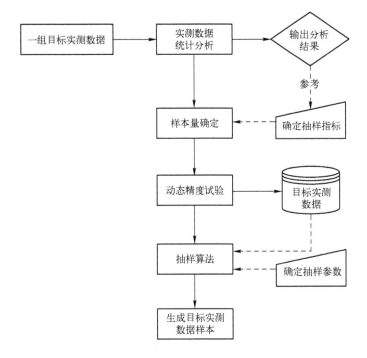

图 3-1 目标实测数据抽样方法研究思路

3.2 模型与方法

3.2.1 目标航次实测数据统计分析模型

1．有关概念

动态精度飞行试验的目的，是利用动态飞行航路测量数据检验高炮武器系统的动态精度，考核其战术性能和使用性能。为了对武器系统的动态精度和战术性能做出尽可能准确的结论，需要建立统计分析模型，对目标航次实测数据进行统计处理和结果分析。目标航次实测数据统计分析模型可以为确定动态精度飞行试验的有效航次提供依据。

由于受到各种随机因素的影响，在动态精度飞行试验中某一确定时刻的测量值是随机变量。而动态测量的对象是随时间而变化的，其测量值也随时间而变化。因而从整个时间过程的角度看，动态测量的测量值是一族无穷多个随机变量，这样一组依赖于时间参数的无穷多个随机变量即是一个随机过程。对于任意确定的时刻，测量值作为随机变量称作随机过程在该时刻的截口。对于动态精度飞行试验中某一确定时刻的测量值这一随机变量，给出以下几个统计学的概念。

（1）个体。每一条飞行航路的测量值称为个体，可视作随机变量的一个取值。

（2）总体。一切可能的飞行航路（航路参数符合要求）的测量结果称为总体，可视作随机变量的所有取值的全体。该总体是理论设定的取值无限的总体，它的每个个体是通过试验"制造"出来的。为了突出这个特点，也称之为试验统计总体。

（3）样本。从总体中随机抽取的一部分个体称为样本，它表现为一组数据；抽取的个体的数目称为样本量。在动态精度飞行试验中，多条飞行航路中得到的一组测量值即为一个样本。因此，所谓"抽取样本"就是通过试验"制造"样本，试验次数或航路次数即为样本量。

2. 模型假定

在动态精度飞行试验中，测量结果会受到各种因素的影响。对于某一确定的时刻，各种可控的试验条件保持基本不变时，试验结果可以认为仅受各种不可控的随机因素的影响。根据统计学的理论，可以假定动态精度飞行试验的测量值和测量误差服从正态分布。

3. 统计模型

在动态精度飞行试验中，将某一确定时刻的测量误差记为 X，根据模型假定：

$$X \sim N(\mu, \sigma^2) \tag{3-1}$$

设 $X_1, X_2, \cdots, X_n$ 是抽自 X 的简单随机样本。根据研究问题的不同，可以对未知参数 μ、σ^2 作以下几方面的统计分析。

(1) 点估计。根据数理统计知识，参数 μ、σ^2 的点估计分别为

$$\hat{\mu} = \overline{X} = \frac{1}{n}\sum_{i=1}^{n} X_i \tag{3-2}$$

$$\hat{\sigma}^2 = S^2 = \frac{1}{n-1}\sum_{i=1}^{n}(X_i - \overline{X})^2 \tag{3-3}$$

可以证明：$\hat{\mu}$ 和 $\hat{\sigma}^2$ 分别是 μ、σ^2 的最小方差无偏估计，且有如下结论：

$$\overline{X} \sim N\left(\mu, \frac{\sigma^2}{n}\right) \tag{3-4}$$

$$\frac{(n-1)S^2}{\sigma^2} \sim \chi^2(n-1) \tag{3-5}$$

式（3-4）表明：用 $\overline{X}$ 估计 μ，精度为 σ^2/n。

(2) 区间估计。首先给出均值的区间估计。当 σ^2 未知时，由于

$$\frac{\sqrt{n}(\overline{X} - \mu)}{S} \sim t(n-1) \tag{3-6}$$

记自由度为 $n-1$ 的 t 分布的上侧 $\alpha/2$ 分位点为 $t_{\alpha/2}(n-1)$，则根据区间估计理论：

$$P\left(-t_{\alpha/2}(n-1) \leqslant \frac{\sqrt{n}(\overline{X} - \mu)}{S} \leqslant t_{\alpha/2}(n-1)\right) = 1 - \alpha$$

从而

$$P\left(\overline{X} - \frac{t_{\alpha/2}(n-1)S}{\sqrt{n}} \leqslant \mu \leqslant \overline{X} + \frac{t_{\alpha/2}(n-1)S}{\sqrt{n}}\right) = 1 - \alpha$$

均值 μ 的置信水平为 $1-\alpha$ 的区间估计为

$$\left[\overline{X} - \frac{t_{\alpha/2}(n-1)S}{\sqrt{n}}, \overline{X} + \frac{t_{\alpha/2}(n-1)S}{\sqrt{n}}\right] \tag{3-7}$$

置信区间长度为

$$\delta = \frac{2t_{\alpha/2}(n-1)S}{\sqrt{n}} \tag{3-8}$$

δ 反映了区间估计的精度，δ 越短，精度越高。

其次考察方差的区间估计。记自由度为 $n-1$ 的 χ^2 分布的上侧 $\alpha/2$ 分位点和上侧 $1-\alpha/2$ 分位点分别为 $\chi^2_{\alpha/2}(n-1)$、$\chi^2_{1-\alpha/2}(n-1)$，由式（3-6）：

$$P\left(\chi^2_{1-\alpha/2}(n-1) \leqslant \frac{(n-1)S^2}{\sigma^2} \leqslant \chi^2_{\alpha/2}(n-1)\right) = 1-\alpha$$

进而，

$$P\left(\frac{(n-1)S^2}{\chi^2_{\alpha/2}(n-1)} \leqslant \sigma^2 \leqslant \frac{(n-1)S^2}{\chi^2_{1-\alpha/2}(n-1)}\right) = 1-\alpha$$

因此方差 σ^2 的置信水平为 $1-\alpha$ 的区间估计为

$$\left[\frac{(n-1)S^2}{\chi^2_{\alpha/2}(n-1)}, \frac{(n-1)S^2}{\chi^2_{1-\alpha/2}(n-1)}\right] \tag{3-9}$$

4. 动态精度统计

在动态精度飞行试验中，精度指标是全航路平均的精度指标。因此，在进行航路数据的统计分析时，需要计算各指标的全航路平均。

就整个航路而言，动态精度飞行试验的测量误差是一个随机过程。但是，不论从误差源的角度分析还是从实际试验的结果情况看，动态测量误差在整个航路上是不平稳的。为了统计的准确性和合理性，在进行统计处理时，可以将动态测量误差按平稳性划分为若干个平稳或近似平稳的区间。根据平稳性概念，平稳段内各记录时刻的测量误差具有相同的分布，因而从统计角度可把它们看作同一个正态总体。这样，对动态测量误差的均值、标准差的估计，可先在每个平稳段内进行，然后以每个平稳段内的记录点数为权，进行加权平均，得到全航路平均的估计值。

平稳区段的大小可以按统计检验的方法严格进行平稳性检验来确定，也可直观地根据误差曲线图上反映的误差变化规律来划分。一般地，把 N 个航次的误差数据按时间划分为 K 段，每段内每个航次均为 L 个数据。一个航次共有 KL 个数据，总数据为 NKL 个。

记 ΔX_{ij} 为第 i 个航次第 j 点处目标实测值，X_{ij}^0 是第 i 航次第 j 点处目标真值。称

$$\Delta X_{ij} = X_{ij} - X_{ij}^0$$

为动态误差，简称为一次差。将同一个参数各个航次的误差数据按时间零点对应排列起来，就可获得各个航次数据个数都相同的时间数据序列，如图 3-2 所示。

$$\Delta X_{11}, \Delta X_{12}, \cdots, \Delta X_{1j}, \cdots, \Delta X_{1n}$$
$$\Delta X_{21}, \Delta X_{22}, \cdots, \Delta X_{2j}, \cdots, \Delta X_{2n}$$
$$\cdots\cdots\cdots\cdots\cdots\cdots\cdots\cdots\cdots\cdots\cdots\cdots$$
$$\Delta X_{i1}, \Delta X_{i2}, \cdots, \Delta X_{ij}, \cdots, \Delta X_{in}$$
$$\cdots\cdots\cdots\cdots\cdots\cdots\cdots\cdots\cdots\cdots\cdots\cdots$$
$$\Delta X_{N1}, \Delta X_{N2}, \cdots, \Delta X_{Nj}, \cdots, \Delta X_{Nn}$$

图 3-2 航迹数据时间序列

其中 n 表示一条航路上的采样点数，N 表示总航次。由上述数据可以得到如下动态精度统计：

1）系统误差（均值）估计

（1）瞬时系统误差估计：

$$m_j = \frac{1}{N}\sum_{i=1}^{N}\Delta X_{ij} \qquad (3\text{-}10)$$

式中：m_j 为瞬时系统误差。

（2）区段系统误差估计：

$$m_P = \frac{1}{L}\sum_{j=(P-1)L+1}^{PL} m_j \qquad (3\text{-}11)$$

式中：m_P 为区段系统误差，P 为区段号，$P = 1, 2, \cdots, K$。

（3）全航路系统误差估计：

$$m = \frac{1}{K}\sum_{P=1}^{K} m_P \qquad (3\text{-}12)$$

式中：m 为全航路系统误差。

2）均方差估计

（1）瞬时均方差估计：

$$\sigma_j = \sqrt{\frac{1}{N-1}\sum_{i=1}^{N}(\Delta X_{ij} - m_j)^2} \quad (3\text{-}13)$$

式中：σ_j 为瞬时均方差。

（2）区段均方差估计：

$$\sigma_P = \sqrt{\frac{1}{NL-1}\sum_{i=1}^{N}\sum_{j=(P-1)L+1}^{PL}(\Delta X_{ij} - m_P)^2} \quad (3\text{-}14)$$

式中：σ_P 为区段均方差，P 为区段号，$P = 1, 2, \cdots, K$。

（3）全航路均方差估计：

$$\sigma = \sqrt{\frac{1}{K}\sum_{P=1}^{K}\sigma_P^2} \quad (3\text{-}15)$$

式中：σ 为全航路均方差。

3.2.2 样本量确定算法模型

1. 问题分析

合理地确定动态精度飞行试验的有效航次数（即样本量）是本研究的关键问题之一。首先，就动态精度飞行试验本身而言，为了有效检验高炮武器系统的动态精度，考核其战术性能和使用性能，需要选定若干典型航路，按其飞行参数重复飞行，根据多次测量的结果估计武器系统的动态精度。在国军标 GJB3856-1999《高炮综合体定型试验规程》中规定：动态精度飞行试验每种工作方式有效航次数一般取 10～20 次；而在国军标 GJB1180-1991《高炮指挥仪定型试验方法》中规定：有效航次数一般为 15～20 次。但是，对于特定的动态精度飞行试验，究竟如何确定合适的有效航次数，在标准或文献中未见到适用的方法，这是靶场十分关注的问题。其次，在本研究的对空射击试验平行仿真技术中，需要用动态精度飞行试验中的目标测量值数据注入到被试武器系统中，从而在对空射击试验中替代目标靶机。为使虚实混合试验与实际试验的结果具有一致性，需要在有效航次内采集的数据在一定置信度范围内能够代表同一试验条件下的全部航次的数据特征,即样本能够较好地代表总体。

鉴于上述分析,为合理确定动态精度飞行试验的有效航次数即样本量,需要考虑以下因素:①飞行试验的有效航次数应当能有效估计高炮武器系统的动态精度,以达到动态精度飞行试验的目的;②应当在保证估计精度的同时兼顾试验成本,提高试验效益;③为使对空射击中虚实混合试验与实际试验的结果具有一致性,动态精度飞行试验的有效航次采集的数据应当相对稳定,具有较好的一致性。

在3.2.1节的统计模型中,给出了参数的点估计和区间估计,故可根据预先给定的估计精度要求确定所需样本量。特别是在参数的区间估计中,置信水平表示估计的可靠程度,置信区间半长度则以更直接的方式标示了估计误差,故可按给定置信水平和置信区间半长度来确定所需样本量。一般说来,参数估计的精度和可靠性随着样本量的增大而提高,但样本量大到一定程度后,估计的精度与可靠性的提高就变得非常缓慢。要想再提高微小的一步,就需要大量增加样本量,这意味着需要增加大量试验费用。所以在确定试验次数即样本量时,应该把估计精度和可靠性的提高与所需财力物力消耗的比值,限制在合理的范围内。

2. 抽样指标

动态精度飞行试验的目的之一是检验武器系统的动态精度。测量误差的均值是动态精度的主要表征。因此,需要利用航路测量值对均值进行有效的估计。由式(3-8),当σ^2未知时,均值μ的区间估计长度(置信水平为$1-\alpha$)为

$$\delta = \frac{2t_{\alpha/2}(n-1)S}{\sqrt{n}}$$

δ反映了区间估计的精度,δ越短,估计精度越高。然而,在式(3-8)中,$t_{\alpha/2}(n-1)$与n有关,S不仅与n有关,而且是未知的随机量。因此,δ与n呈现出不确定的关系。下面主要从式(3-8)入手,提出以下确定样本量n的抽样指标。

(1)均值置信区间长度。随着样本量的增加,均值μ的置信水平为$1-\alpha$的置信区间长度会随之减小,估计的精度也随之提高。如果当样本量增大到一定程度以后,置信区间长度基本保持稳定或呈现出随机波动而没有明显的上升或

下降的趋势，此时就没有必要再增加样本量。

（2）均值置信区间长度变化率。如果随着样本量的增加，置信区间长度一直在减小，此时，还可以考察置信区间长度减小的快慢（即变化率）。设样本量为 i 时对应的置信区间长度为 $d(i)$，如果：

$$d(i-1)-d(i) \approx d(i)-d(i+1) \quad (3-16)$$

$$d(j-1)-d(j) > d(i-1)-d(i)(j<i) \quad (3-17)$$

此时，再增加样本量，估计的精度将没有明显的改变。从经济角度考虑，可以将样本量取为 i。

（3）校飞贡献率。记比值：

$$\text{value} = \frac{\Delta d}{d(i-1)} = \frac{d(i)-d(i-1)}{d(i-1)} (3 \leqslant i \leqslant 10) \quad (3-18)$$

此变量反映了第 i 次校飞对前 $i-1$ 次校飞数据置信区间长度及其变化率的影响或者变化，在这里称之为第 i 次校飞对前 $i-1$ 次校飞数据置信区间长度及其变化率的贡献率，简称贡献率。理论上，随着样本量（校飞次数）的增加，第 i 次校飞对前 $i-1$ 次校飞数据置信区间长度及其变化率的贡献会越来越小，而且由于 $d(i)<d(i-1)$，value 应当为负值，但不排除随机性因素（如试验条件、设备状态、人为因素等）的影响。当 value <0 且 $|\text{value}|<10\%$ 时，认为没有必要再增加样本量（校飞次数）。

（4）其他。除了上述指标以外，在靶场现场试验中，还要结合靶场的实际，比如试验条件、试验费用等因素，综合考虑确定合适的样本量。

以上列出了确定样本量的几个指标。在动态精度飞行试验阶段，应当根据试验的要求，按平稳性将雷达跟踪误差沿航路分成若干个平稳或近似平稳段，针对不同的时刻计算全航路平均的精度指标。

3.2.3 抽样算法模型

1. 抽样方法

在对空射击虚实混合试验中，需要从动态精度飞行试验得到的目标实测数据中抽样，以生成目标测量值数据。下面给出抽样的方法：

（1）简单随机抽样。在动态精度飞行试验阶段得到的目标实测数据反映了同一试验条件下的全部航次的数据特征。如果在抽样过程中有意挑选，或者只从某一个局部抽取，就会使样本失去代表性。为使从目标实测数据抽得的数据具有代表性，一种典型的抽样方法就是简单随机抽样。即在抽取样本过程中，排除一切主观意向，使每个航次的数据都有同等被抽取的机会。具体而言，就是按照规定的样本量 n 从航次数据中抽取样本时，使样本中含有的 n 个航次的所有可能的组合，都有同等的被抽取的机会。简单随机抽样的方法有用随机数表抽样、利用计算机语言中的随机数语句进行抽样等。

（2）分层随机抽样。如果在动态精度飞行试验阶段航次数据是在不同的试验条件下获得的，比如目标飞行方式、目标诸元工作方式等，为了取得有代表性的样本，可将所有航次数据按不同的试验条件或其他不同的情况，划分为若干层（设为 K），先在每一层随机抽取一定数量 $n_i(i=1,2,\cdots,K)$ 的样品，然后把每一层的样品累积成所需样本量 $n(n=n_1+n_2+\cdots+n_K)$，称为分层随机抽样。它的要点在于每层的样品在样本中都有一个合适的比例 (n_i/n)，都有一定数量的样品。

2. 抽样算法

从动态精度飞行试验得到的目标实测数据中抽样的目的，是用生成的目标测量值数据代替目标飞行航次数据，进行对空射击虚实混合试验。为使虚拟实验与实际试验保持较好的一致性，要求抽取的数据能够很好地反映航路数据的特征。这里采用统计学上广泛应用的"3σ"准则对抽取的数据加以判定。

对于正态随机变量 $X\sim N(\mu,\sigma^2)$，可以证明 $P(\mu-3\sigma<X<\mu+3\sigma)\approx 0.9975$。因此，对于正态随机变量而言，其绝大部分取值将落在以均值为中心、三倍标准差为半径的区间内，这就是"3σ"准则。如果某个观测值落在该区间以外，则可以认为该值为异常值。在动态精度飞行试验中，设动态测量误差在某一平稳区间内的误差矩阵为

$$(\Delta X_{ij})_{m\times n}=\begin{pmatrix} \Delta X_{11},\Delta X_{12},\cdots,\Delta X_{1j},\cdots,\Delta X_{1n} \\ \Delta X_{21},\Delta X_{22},\cdots,\Delta X_{2j},\cdots,\Delta X_{2n} \\ \cdots\cdots\cdots\cdots\cdots\cdots\cdots\cdots\cdots \\ \Delta X_{i1},\Delta X_{i2},\cdots,\Delta X_{ij},\cdots,\Delta X_{in} \\ \cdots\cdots\cdots\cdots\cdots\cdots\cdots\cdots\cdots \\ \Delta X_{m1},\Delta X_{m2},\cdots,\Delta X_{mj},\cdots,\Delta X_{mn} \end{pmatrix} \quad (3\text{-}19)$$

其中，每行表示误差随机过程在该平稳区间内的一条实现。因为随机过程在任意时刻的截口是正态随机变量，所以误差样本中的任意一列是相应截口随机变量的容量为 m 的样本。平稳区间内各截口随机变量具有（或近似于）相同的正态分布，因而可以当作同一正态总体。于是，误差矩阵（3-19）可以当作来自同一正态总体的容量为 mn 的样本。一般说来，"3σ"准则适用于样本容量较大的情形，而动态测量误差在每个截口处的样本容量都比较小，所以只在平稳区间内应用"3σ"准则，计算动态测量误差在平稳区间内的系统误差和标准差估值。

$$\overline{\Delta X} = \frac{1}{mn} \sum_{i=1}^{m} \sum_{j=1}^{n} \Delta X_{ij} \quad (3-20)$$

$$S = \sqrt{\frac{1}{mn-1} \sum_{i=1}^{m} \sum_{j=1}^{n} (\Delta X_{ij} - \overline{\Delta X})^2} \quad (3-21)$$

对于平稳区间内的某个测量误差 ΔX_{ij}，用下述准则判定 ΔX_{ij} 是否为异常值：

$$|\Delta X_{ij} - \overline{\Delta X}| > 3S \quad (3-22)$$

若式（3-22）成立则为异常值，否则数据正常。假设从航次数据中抽取的是第 i 条航迹，由于对空射击试验要求在规定的射击点进行射击，因此这里重点关注第 i 条航迹上对应于射击点时刻 j 的动态测量误差 ΔX_{ij}。可以按下列步骤对抽取的航路数据进行判定。

（1）判断 ΔX_{ij} 所在的平稳区间。根据射击点对应的时刻 j，可以确定出 ΔX_{ij} 所在的平稳区间。

（2）计算该平稳区间内系统误差和标准差的估值。按式（3-20）和式（3-21）可以计算出 $\overline{\Delta X}$ 和 S。

（3）数据异常性判定。按式（3-22）判定 ΔX_{ij} 是否为异常数据。

如果按"3σ"准则判定 ΔX_{ij} 为异常数据，表明从航次数据中抽取的第 i 条航路不具有代表性，应当加以剔除后再抽取另一个航次。从动态精度飞行试验航次数据抽取虚拟射击试验所需航迹的过程见图 3-3。

第 3 章 基于抽样的航迹生成方法

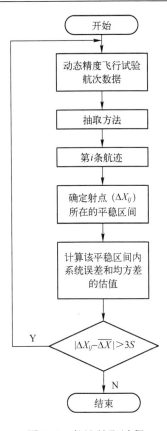

图 3-3 航迹抽取过程

3.2.4 抽样方法的验证

在 3.2.2 节中，从提升高炮武器系统的动态误差的估计精度出发，确定了均值置信区间长度、均值置信区间长度的变化率、方差置信区间和试验费用等抽样指标以及相应的算法，从而能够合理确定动态精度飞行试验的有效航次数（即样本量）的算法。在此基础上，进一步研究了从动态精度飞行试验得到的目标实测数据中生成目标测量值数据的抽样方法和抽样算法。上述方法是否合理、有效，尚需进一步验证。上述方法是针对航次数据的特点、基于误差分布的一系列假定、根据试验的目的要求而给出的，因此，可以从以下几个方面对抽样方法进行验证：误差分布是否服从正态分布、随机过程是否平稳等模型假定的验证，检验动态精度是否达到指标要求，确定置信度，以及验证确定的样本量是否达到试验的目的。

1. 正态分布的检验

在 3.2.1 节中给出的统计分析模型,都是基于动态精度飞行试验的测量值和测量误差服从正态分布这一重要假定。在实际应用过程中,应当针对现场数据对这一假定进行验证,以及正态分布的检验。只有检验结果表明正态分布的假定成立,才能应用给出的抽样方法。

正态性检验的问题是:有来自某分布的随机样本 $X_1, X_2, \cdots, X_n$,希望作如下的统计检验:

H_0:该随机样本来自正态分布;H_1:该随机样本不是来自正态分布。

在统计应用中,常用的正态性检验方法有 K.Person-Fisher χ^2 检验法、偏峰度检验法、Kolmogorov-Smirnov(K-S)检验法和正态概率纸检验法等。前两种方法虽然简单易行,但是文献[32]中认为,使用 K.Person-Fisher χ^2 检验和偏峰度检验法时样本量分别以不少于 50、100 为宜,而本书中样本量比较小,不宜采用这两种方法,且正态概率纸检验方法需要目测判断,存在检验判断误差。而 K-S 检验法不仅免去了数据分组的繁琐,而且完全保留了数据中的信息,特别适宜检验样本量较小数据的分布特性,因而正态性检验采用 K-S 检验法。K-S 检验法是一种基于经验分布函数(EmpiriCal Distribution Function, ECDF)的分布拟合优度检验方法,用于检验来自某一总体的样本是否服从指定的分布。

(1) K-S 检验中 ECDF 的建立。首先对某一时刻测量误差样本数据进行排序,由小到大得到 S 个样本数据 $x_1, x_2, \cdots, x_S$,按照经验分布函数的建立方法得到分段累积频率 $F_S(x)$。式(3-23)中,$F_S(x)$ 是一个右连续的非降阶梯状函数,且 $0 \leqslant F_S(x) \leqslant 1$,在每一个数据点处的阶跃值为 $1/S$。$F_S(x)$ 在 x 点的函数值其实就是样本观测值 $x \leqslant x_i$ 的累计频率。经验分布函数可以用来描述总体分布函数的大致形状,是数理统计中用样本数据对变量的分布形态和分布参数进行推断的理论依据。

$$F_S(x) = \begin{cases} 0, x < x_1 \\ \dfrac{i}{S}, x_i \leqslant x < x_{i+1} \quad (i=1,2,\cdots,S-1) \\ 1, x \geqslant x_S \end{cases} \quad (3\text{-}23)$$

(2) K-S 检验中检验统计量的确定。K-S 检验的零假设为 H_0:样本数据服从指定的分布（本书中指正态分布）；备择假设 H_1：样本数据不服从指定分布。根据经验分布函数 $F_S(x)$ 与假设分布 $F_X(x)$ 的差异值来建立统计量 D，D 是经验分布函数曲线与假设分布的累积分布函数曲线的最大距离。

$$D = \max_{-\infty < x < \infty} |F_X(x) - F_S(x)| \qquad (3\text{-}24)$$

对于给定的显著性水平 α，查找 Kolmogorov-Smirnov 检验的临界值 $D_{S,\alpha}$；若 $D < D_{S,\alpha}$ 则接受零假设，若 $D > D_{S,\alpha}$ 则拒绝零假设。Kolmogorov-Smirnov 检验原理如图 3-4 所示。

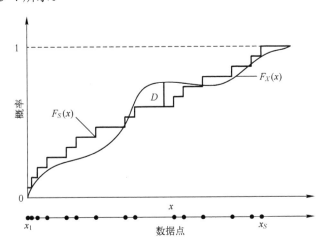

图 3-4 Kolmogorov-Smirnov 检验原理

2．平稳性检验

在 3.2.1 节给出的统计分析模型中，许多统计量都是针对分组数据得出的。对于分组后的各个区间，均假定测量误差是平稳的正态随机过程。这也是一个重要的假定。为验证抽样方法的合理性，还应当进行平稳性进行检验。

所谓测量误差在分组区间内是平稳的正态随机过程，即在该区间内各记录时刻的测量误差具有相同的正态分布。因此，平稳性检验即是检验分组区间内任何两个记录时刻的测量误差是否具有同一个正态分布的问题。下面给出有关方法。

检验两个正态母体是否近似等同就是检验两个正态母体方差和数据期望是

否都相等。假定 $X_1, X_2, \cdots, X_n$ 和 $Y_1, Y_2, \cdots, Y_m$ 分别是从正态母体 $X \sim N(\mu_1, \sigma_1^2)$ 和 $Y \sim N(\mu_2, \sigma_2^2)$ 中抽出的样本，样本的均值分别为 $\overline{X}$、$\overline{Y}$，样本方差分别为 $\overline{\sigma_1^2}$、$\overline{\sigma_2^2}$。

（1）方差相等的检验。若检验 σ_1^2 与 σ_2^2 相等，取检验统计量为

$$F = \frac{\overline{\sigma_1^2}}{\overline{\sigma_2^2}} \tag{3-25}$$

该统计量服从自由度 $(n-1, m-1)$ 的 F 分布。对于给定的显著性水平 α，可以得到检验的判别准则为

$$1/F_{\alpha/2}(m-1, n-1) \leqslant \frac{\overline{\sigma_1^2}}{\overline{\sigma_2^2}} \leqslant F_{\alpha/2}(n-1, m-1) \tag{3-26}$$

若不等式成立，则 $\sigma_1^2 = \sigma_2^2$；否则 $\sigma_1^2 \neq \sigma_2^2$。

（2）均值相等的检验。若检验 μ_1 与 μ_2 相等（根据实际应用的需要，只讨论方差未知且相等的情形），取检验统计量为

$$t = \sqrt{\frac{nm}{n+m}} \frac{\sqrt{n+m-2}(\overline{X} - \overline{Y})}{\sqrt{(n-1)\sigma_1^2 + (m-1)\sigma_2^2}} \tag{3-27}$$

该统计量服从自由度为 $n+m-2$ 的 t 分布，对于给定的显著性水平 α，可以得到检验的判别准则为

$$|\overline{X} - \overline{Y}| \leqslant t_{\alpha/2}(n+m-2) \sqrt{\frac{n+m}{nm}} \sqrt{\frac{(n-1)\sigma_1^2 + (m-1)\sigma_2^2}{n+m-2}} \tag{3-28}$$

若不等式成立，则 $\mu_1 = \mu_2$；否则 $\mu_1 \neq \mu_2$。

3. 性能指标检验的置信度

高炮武器系统动态精度飞行试验和射击精度试验的目的，是检验武器系统的动态精度和射击精度是否达到规定的指标要求。按照我军相关军用标准给出的考核方法，是利用试验获取的样本数据计算这些精度指标的估计值，然后与指标门限相比较，看它是否满足指标要求。但是，通过试验和计算得到的参数估值具有随机性，因而这种考核方法得出的结论存在误差。例如，假定性能参数指标要求为 $\theta \leqslant \theta_0$，试验所得估值 $\overline{\theta}$ 大于指标门限 θ_0，这个结果有两种可能：

一是该性能参数的真值本来就大于 θ_0，因而导致了 $\bar{\theta} > \theta_0$，此时，应该判定武器系统的性能指标不满足指标要求；二是该参数的真值 θ 小于指标门限 θ_0，只是由于抽取样本的随机误差才导致了 $\bar{\theta} > \theta_0$，此时，本应判定性能参数满足指标要求，但按照考核方法却仍然判定性能指标不满足指标要求，这将会导致错误。从假设检验的角度考察上述问题。设总体 $X \sim F(x,\theta)$，对未知参数 θ 考虑如下假设检验：

$$H_0: \theta \leqslant \theta_0, \quad H_1: \theta > \theta_0$$

由样本 $X_1, X_2, \cdots, X_n$ 构造统计量 $\bar{\theta}(X_1, X_2, \cdots, X_n)$，判断规则为：若 $\bar{\theta} \leqslant \theta_0$，则接受 H_0；若 $\bar{\theta} > \theta_0$，则拒绝 H_0。当 H_0 成立时，由于 $\bar{\theta} > \theta_0$ 而拒绝 H_0 就会发生错误，称这类错误为第一类错误或"弃真"错误，将发生第一类错误的概率记为 α，即 $\alpha = P_{\theta \leqslant \theta_0}(\bar{\theta} > \theta_0)$；当 H_0 不成立时，由于 $\bar{\theta} \leqslant \theta_0$ 而接受 H_0 也会发生错误，称这类错误为第二类错误或"纳伪"错误，将发生第二类错误的概率记为 β，即 $\beta = P_{\theta > \theta_0}(\bar{\theta} \leqslant \theta_0)$。

显然，$1-\alpha$ 或 $1-\beta$ 衡量了根据样本做出正确判断的程度，反映了检验的效果。这里，将 $1-\alpha$ 或 $1-\beta$ 定义为检验的置信度。一般说来，样本量越大，α 和 β 越小，置信度越大。但是，由于试验条件和经费所限，样本量不能取太大。在 3.2.2 节中，从提高估计精度和节约试验费用等角度给出了确定样本量的方法。由于置信度反映了检验的效果，可以通过计算性能指标检验的置信度来验证样本量的合理性。这里着重考察动态精度性能指标的检验。在动态精度飞行试验中，精度指标是全航路平均的精度指标。在战术技术指标中给出的动态精度指标可简记为

$$|\mu| \leqslant \mu_0, \quad \sigma \leqslant \sigma_0$$

其中，μ_0 为全航路系统误差的指标门限，σ_0 为全航路均方差的指标门限。这里仅考虑系统误差的检验。对于均方差的检验，可用类似的方法加以验证。对于高炮武器系统的动态系统误差，其假设检验问题为

$$H_0: |\mu| \leqslant \mu_0, \quad H_1: |\mu| > \mu_0$$

记由航次数据得到的全航路系统误差估计为 m_0，当 $|m_0| \leqslant \mu_0$ 时，接受原假设，即系统误差满足指标要求，否则判定系统误差不满足指标要求。

（1）全航路系统误差分布。

为计算系统误差检验的置信度，首先给出全航路系统误差的分布。按照 3.2.1 节的讨论，在整个航路上的动态测量误差可以看作来自 K 个不同的平稳正态随机过程的样本。由 3.2.1 节动态精度统计方法可知，全航路系统误差估计 m 是 ΔX_{ij} 的线性组合，尽管 ΔX_{ij} 分属于 K 个不同的平稳正态随机过程，但其线性组合仍服从某一正态分布。

下面先求第 P 个区间系统误差估计 m_P 的均值和方差。由式（3-10）及式（3-11）有

$$m_P = \frac{1}{NL} \sum_{i=1}^{N} \sum_{j=(P-1)L+1}^{PL} \Delta X_{ij}$$

由于第 P 个区间内的 NL 个动态测量误差 ΔX_{ij} 属于同一平稳正态随机过程，故均值和方差处处相等，分别记为 μ_P、σ_P^2 $(P=1,2,\cdots,K)$。而且该区间内不同航次上的 ΔX_{ij} 相互独立，同一航次上的协方差 $\text{Cov}(\Delta X_{ij}, \Delta X_{ij+1}) = \sigma_P^2 \rho(s\Delta t)$ 只是时间间隔 $s\Delta t$ 的函数，其中 $\rho(s\Delta t)$ 是该区间内间隔为 $s\Delta t$ 的两点间动态测量误差的相关系数。因为这相关系数主要由测量系统测量时间决定，而在同一飞行试验中，测量时间不变，故可以认为 $\rho(s\Delta t)$ 与平稳区间无关。于是

$$E(m_P) = \frac{1}{NL} \sum_{i=1}^{N} \sum_{j=(P-1)L+1}^{PL} E(\Delta X_{ij}) = \frac{1}{NL} \sum_{i=1}^{N} \sum_{j=(P-1)L+1}^{PL} \mu_P = \mu_P$$

$$\text{Var}(m_P) = \frac{1}{N^2 L^2} \sum_{i=1}^{N} \text{Var}\left(\sum_{j=(P-1)L+1}^{PL} \Delta X_{ij}\right) = \frac{1}{N^2 L^2} \sum_{i=1}^{N} \sum_{j,j'=(P-1)L+1}^{PL} \text{Cov}(\Delta X_{ij}, \Delta X_{ij'})$$

$$= \frac{1}{N^2 L^2} \sum_{i=1}^{N} (L\sigma_P^2 + 2(L-1)\sigma_P^2 \rho(\Delta t) + \cdots + 2\sigma_P^2 \rho((L-1)\Delta t))$$

$$= \frac{\sigma_P^2}{NL}\left(1 + 2\sum_{s=1}^{L-1}\left(1 - \frac{s}{L}\right)\rho(s\Delta t)\right)$$

其次，给出全航路系统误差估计 m 的均值和方差。由于

$$m = \frac{1}{K}\sum_{P=1}^{K} m_P$$

$$E(m) = \frac{1}{K}\sum_{P=1}^{K} E(m_P) = \frac{1}{K}\sum_{P=1}^{K} \mu_P$$

$$\mathrm{Var}(m) = \frac{1}{K^2}\sum_{P=1}^{K}\mathrm{Var}(m_P) = \frac{1}{K^2}\sum_{P=1}^{K}\frac{\sigma_P^2}{NL}\left(1 + 2\sum_{s=1}^{L-1}\left(1-\frac{s}{L}\right)\rho(s\Delta t)\right)$$

$$= \frac{1}{NLK^2}\sum_{P=1}^{K}\sigma_P^2\left(1 + 2\sum_{s=1}^{L-1}\left(1-\frac{s}{L}\right)\rho(s\Delta t)\right)$$

因此，全航路系统误差估计 m 的分布为 $m \sim N(\bar{\mu}, \bar{\sigma}^2)$，其中

$$\bar{\mu} = \frac{1}{K}\sum_{P=1}^{K} \mu_P \tag{3-29}$$

$$\bar{\sigma}^2 = \frac{1}{NLK^2}\sum_{P=1}^{K}\sigma_P^2\left(1 + 2\sum_{s=1}^{L-1}\left(1-\frac{s}{L}\right)\rho(s\Delta t)\right) \tag{3-30}$$

在实际计算时，式（3-29）、式（3-30）中的 μ_P、σ_P^2、$\rho(s\Delta t)$ 可用其估计值代替。μ_P、σ_P^2 的估计可由式（3-10）～式（3-14）得到。航路上 t_j、t_k 时刻测量误差的相关系数的估计为

$$\hat{\rho}(t_j, t_k) = \frac{\sum_{i=1}^{N}(\Delta X_{ij} - \overline{\Delta X_j})(\Delta X_{ik} - \overline{\Delta X_k})}{\sqrt{\sum_{i=1}^{N}(\Delta X_{ij} - \overline{\Delta X_j})^2}\sqrt{\sum_{i=1}^{N}(\Delta X_{ik} - \overline{\Delta X_k})^2}}$$

$\hat{\rho}(t_j, t_k)$ 与 t_j、t_k 的顺序无关，故不妨假定 $k \geq j$，并且令 $k - j = s$，于是时间间隔为 $s\Delta t$ 的两点间的测量误差的平均相关系数估计为

$$\hat{\rho}(s\Delta t) = \frac{1}{L-s}\sum_{j=1}^{L-s}\frac{\sum_{i=1}^{N}(\Delta X_{ij} - \overline{\Delta X_j})(\Delta X_{ij+s} - \overline{\Delta X_{j+s}})}{\sqrt{\sum_{i=1}^{N}(\Delta X_{ij} - \overline{\Delta X_j})^2}\sqrt{\sum_{i=1}^{N}(\Delta X_{ij+s} - \overline{\Delta X_{j+s}})^2}}$$

式中，Δt 为记录时间间隔，$s = 0, 1, 2, \cdots, L-1$。

（2）系统误差检验的置信度。

根据上面的推导，可以得到 $m \sim N(\bar{\mu}, \bar{\sigma}^2)$。设高炮武器系统的动态系统误差为 μ，则假设检验问题为

$$H_0: |\mu| \leqslant \mu_0, \quad H_1: |\mu| > \mu_0$$

由航次数据得到的全航路系统误差估计为 m_0，按我军军用标准，当 $|m_0| \leqslant \mu_0$ 时，接受原假设，即判定系统误差满足指标要求；当 $|m_0| > \mu_0$ 时，拒绝原假设，即判定系统误差不满足指标要求。

下面首先计算原假设成立时拒绝原假设的概率 α。

若 $m_0 > 0$，可以证明

$$\alpha \leqslant P(m < m_0 \mid \mu = \mu_0) \approx P\left(\frac{m - \mu_0}{\bar{\sigma}} < \frac{m_0 - \mu_0}{\bar{\sigma}} \mid \mu = \mu_0\right) = \Phi\left(\frac{m_0 - \mu_0}{\bar{\sigma}}\right)$$

故近似地有 $1 - \alpha \geqslant 1 - \Phi\left(\dfrac{m_0 - \mu_0}{\bar{\sigma}}\right)$，系统误差检验的置信度下限近似为

$$1 - \Phi\left(\frac{m_0 - \mu_0}{\bar{\sigma}}\right) \tag{3-31}$$

若 $m_0 < 0$，类似可得系统误差检验的置信度下限近似为

$$\Phi\left(\frac{m_0 + \mu_0}{\bar{\sigma}}\right) \tag{3-32}$$

其次计算原假设不成立时接受原假设的概率 β。$m_0 > \mu_0$ 时，可以证明

$$\beta \leqslant P(m > m_0 \mid \mu = \mu_0) \approx P\left(\frac{m - \mu_0}{\bar{\sigma}} > \frac{m_0 - \mu_0}{\bar{\sigma}} \mid \mu = \mu_0\right) = 1 - \Phi\left(\frac{m_0 - \mu_0}{\bar{\sigma}}\right)$$

故检验的置信度

$$1 - \beta \geqslant \Phi\left(\frac{m_0 - \mu_0}{\bar{\sigma}}\right) \tag{3-33}$$

同理可得，$m_0 < -\mu_0$ 时，检验的置信度为

$$1 - \beta \geqslant 1 - \Phi\left(\frac{m_0 + \mu_0}{\bar{\sigma}}\right) \tag{3-34}$$

3.3 算例与结果

本书利用靶场的试验数据,应用 3.2.2 节和 3.2.3 节中的方法进行了计算,确定了动态精度飞行试验航次数量和对空射击虚实混合试验所需的航迹,生成了目标实测数据。在此基础上,用 3.2.4 节的方法进行了验证。

3.3.1 数据准备

1. 数据预处理

1) 靶场数据格式

靶场试验的组织是一个繁琐、有序、严密的过程。靶场试验数据主要包括目标测量值数据和目标真值数据。每次试验完毕,都会有相应的*.txt 文件存储数据,同时有相应的*.tvprj 文件对试验数据情况进行说明。在*.tvprj 文件中主要记录试验中如坐标系是否变化、数据跟踪得稳定与否等情况。此外,*.tvprj 文件还主要对一个航路的数据段进行了说明,包括目标测量值文件和真值文件名称、所用坐标系、坐标系之间的关系等。靶场数据格式及相关数据文件说明是计算测量误差的重要依据。根据这些信息,需对靶场提供的原始目标测量值数据和目标真值数据进行数据处理,避免因忽略试验数据修正量而带来的计算误差。

*.tvprj 文件主要表示了一个航路的数据段。其部分数据段格式如下:

(1) 第一行表示真值数据文件名,文件中数据为直角坐标,格式为"时间 北天东 1";

(2) 第二行表示被试品数据文件名,文件中数据为球坐标,格式为"时间 方位角 高低角 距离";

2) 坐标系变换

火控系统中经常用到坐标系的转换,包括球坐标与直角坐标的互换、不同参照系下直角坐标的变换等。图 3-5 给出了球坐标与直角坐标变换的示意图,其中 D 表示距离,β 表示方位角,ε 表示高低角。

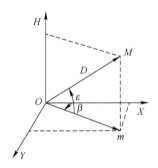

图 3-5 球坐标—直角坐标变换

直角坐标—球坐标的转换主要用于将目标真值数据转换为球坐标形式,以方便计算一次差。转换关系为

$$\begin{cases} D = \sqrt{X^2 + Y^2 + H^2} \\ \beta = \arctan\left(Y/X\right) \\ \varepsilon = \arctan\left(\dfrac{H}{\sqrt{X^2 + Y^2}}\right) \end{cases}$$

球坐标—直角坐标的转换主要用于将目标测量值数据转换为直角坐标形式,以修正测量值数据。转换关系为

$$\begin{cases} X = D\cos\varepsilon\cos\beta \\ Y = D\cos\varepsilon\sin\beta \\ H = D\sin\varepsilon \end{cases}$$

同时,由于被试品在实际试验中经常发生航向、纵摇、横滚方向上的变化,因而大地坐标系和载体坐标系之间的变换也是常用的变换之一。假定大地坐标系的原点与载体坐标系的原点重合,载体坐标系相当于大地坐标系 $O-XYH$ 先后绕 H、Y、X 轴旋转 K、ψ、θ 后形成的坐标系。载体坐标系转换为大地坐标系的转换关系为

$$\begin{bmatrix} X \\ Y \\ H \end{bmatrix} = \begin{bmatrix} \cos K & \sin K & 0 \\ -\sin K & \cos K & 0 \\ 0 & 0 & 1 \end{bmatrix} \begin{bmatrix} \cos\psi & 0 & \sin\psi \\ 0 & 1 & 0 \\ -\sin\psi & 0 & \cos\psi \end{bmatrix} \begin{bmatrix} 1 & 0 & 0 \\ 0 & \cos\theta & \sin\theta \\ 0 & -\sin\theta & \cos\theta \end{bmatrix} \begin{bmatrix} X_t \\ Y_t \\ H_t \end{bmatrix}$$

式中的航向角 K、纵摇角 ψ、横滚角 θ 称为载体的姿态角。在火控系统中,

这些姿态角是通过陀螺等惯性器件组成的稳定平台装置实时测出的。

3）拉格朗日插值

拉格朗日（Lagrange）插值包括线性插值、抛物线插值和n次拉格朗日多项式插值，用于解决时间对不准的情况下的一次差的求取问题。设有$n+1$个互异节点$x_0,x_1,\cdots,x_n$处的相应函数值为$y_0,y_1,\cdots,y_n$，构造n次插值基函数：

$$l_k(x) = \frac{(x-x_0)(x-x_1)\cdots(x-x_{k-1})(x-x_{k+1})\cdots(x-x_n)}{(x_k-x_0)(x_k-x_1)\cdots(x_k-x_{k-1})(x_k-x_{k+1})\cdots(x_k-x_n)}$$

且在$n+1$个互异节点$x_0,x_1,\cdots,x_n$上，有

$$l_k(x_j) = \begin{cases} 1, k=j \\ 0, k \neq j \end{cases} \quad (k,j=0,1,\cdots,n)$$

则满足插值条件为$p_n(x_i) = \sum_{k=0}^{n} y_k l_k(x_i) = y_i (i=1,2,\cdots,n)$的拉格朗日插值多项式为

$$p_n(x) = \sum_{k=0}^{n} y_k l_k(x)$$

可以看出当$n=1$时，$p_1(x)$为一次拉格朗日插值多项式，即为线性插值；当$n=2$时，$p_2(x)$为二次拉格朗日插值多项式，即为抛物线插值。

2. 确定有效航次

有效航次是指评定动态精度飞行试验结果时，参与数据处理的航次。某一飞行题目的典型航路是由航向、飞行高度、飞行速度和航路捷径等参数确定的。目标实际飞行的运动参数往往和所要求的航路参数不一致，有时甚至偏离很大。从数理统计角度，这就破坏了试验条件的等同性，因而也就不能确保样本来自同一总体。虽然目标实际飞行的运动参数不可能和要求的航路参数严格一致，但当实际运动参数相对于要求的航路参数偏离不大时，对动态精度误差的影响不大。所以，《高炮综合体定型试验规程》对有效航次提出了如下原则：

（1）路参数符合试验要求；

（2）试验中高炮综合体工作正常；

（3）标准设备、录取设备工作正常；

（4）真值、实测值数据完整，精度满足要求；

（5）参数的误差数据的变化规律正常。

研究数据满足上述条件，可视为有效航次数据。

3．计算一次差

对于动态精度飞行试验的航路数据，记 X_{ij} 为第 i 航次第 j 点处目标实测值，X_{ij}^0 为第 i 航次第 j 点处目标真值，按

$$\Delta X_{ij} = X_{ij} - X_{ij}^0$$

计算各时刻的一次差，并绘制一次差曲线。

4．数据分组

就整个航路而言，动态精度飞行试验的测量误差是一个随机过程。但是，不论从误差源的分析角度还是从实际试验的结果情况看，动态测量误差在整个航路上是不平稳的。为了统计的准确性和合理性，在进行统计处理时，可以将动态测量误差按平稳性划分为若干个平稳或近似平稳的区间。

本书按下列原则对全航路动态误差进行了分组：

（1）直观地根据方位角一次差曲线随时间的变化规律分组，各组应为平稳或近似平稳区间。

（2）方位角增加方向和减少方向的分组数及对应组的点数应相等。

（3）每组点数不少于 100。

（4）高低角误差和斜距离误差的分组，要与方位角误差分组相一致。

按照靶场现有试验方法，项目组共获取某型武器系统 A、B 动态精度飞行试验航迹数据各 10 条，分别根据靶场实测数据计算样本量的确定指标，得到针对各雷达、各性能指标的校飞次数，具体确定过程和结果如下：按照上述原则，绘制某型武器系统 B 某次动态精度飞行试验中方位角的误差曲线如图 3-6 所示。把 10 个航次的误差数据按时间划分为 6 段，每段内每个航次均为 667 个数据。一个航次共有 4002 个数据，总数据为 40020 个。

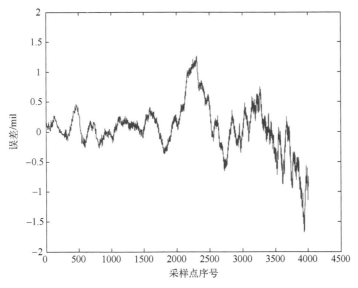

图 3-6 某次动态精度试验方位角一次差

5. 动态精度统计

按式（3-10）～式（3-15）对动态精度进行了统计分析，见表 3-1。

表 3-1 雷达动态精度统计表

平稳区间		1	2	3	4	5	6	全航路	
								系统误差	均方误差
区间数据点数		6670	6670	6670	6670	6670	6670		
斜距离误差/m	系统误差	9.9171	9.6690	8.6372	8.1076	8.1310	7.8827	8.7241	5.1899
	均方误差	6.6466	5.3301	5.2450	4.6222	4.5648	4.3947		
方位角误差/mil	系统误差	-0.0636	-0.0754	-0.1194	-0.1265	-0.2566	-0.8074	-0.2415	0.4449
	均方误差	0.2608	0.2443	0.2482	0.4528	0.3938	0.7989		
高低角误差/mil	系统误差	-0.1549	-0.2563	-0.5364	-0.1606	-0.1531	-0.1585	-0.2366	0.8352
	均方误差	1.3526	0.6603	0.5608	0.6134	0.5984	0.9333		

3.3.2 动态精度飞行试验航次数量的确定

1．某型武器系统 A

根据 10 组动态精度飞行试验数据计算了某型武器系统 A 全航路的三个性能参数（斜距离、方位角、高低角）的误差均值（系统误差）的区间估计。在此基础上，绘制了估计区间左右端点、区间长度随样本量 N 的变化曲线，如图 3-7～图 3-9 所示。

首先，考察均值置信区间长度。通过图 3-7～图 3-9 不难看出，当 N 值较小时，三个性能参数的均值的区间估计，其左右端点取值及区间长度波动较大。但随着 N 值的增大，区间估计的左右端点取值及区间长度渐趋稳定、波动很小，当 N 增大到一定程度以后，可以认为就没有必要再增加样本量。

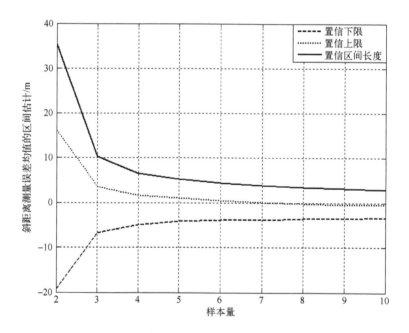

图 3-7 斜距离一次差均值的区间估计

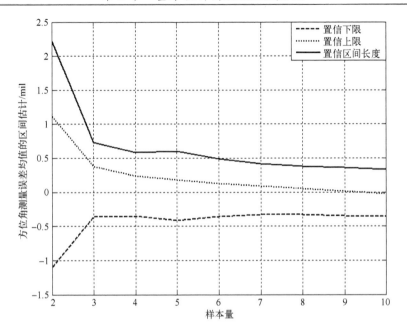

图 3-8 方位角一次差均值的区间估计

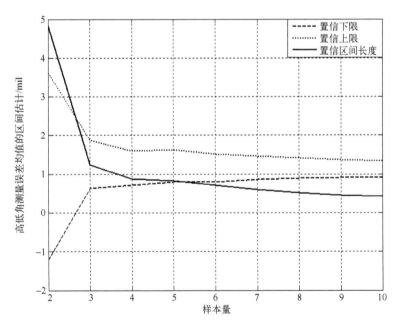

图 3-9 高低角一次差均值的区间估计

其次,考察三个性能参数的均值置信区间长度的变化率。对于每个性能参数,

计算了 Δd，分别如表 3-2～表 3-4 所示。从三个统计表可以看出，除方位角中有一个 Δd 为正值外，Δd 均为负值且 $|\Delta d|$ 在减小，说明估计精度的提高逐渐缓慢。

表 3-2　斜距离测量误差均值的区间估计统计表

i	2	3	4	5	6	7	8	9	10
$d(i)$	35.3559	10.3290	6.5060	5.1860	4.4164	3.8843	3.4263	3.1015	2.8950
Δd	—	-25.0270	-3.8229	-1.3200	-0.7696	-0.5321	-0.4580	-0.3248	-0.2066
value	—	-0.7078	-0.3701	-0.2030	-0.1484	-0.1205	-0.1180	-0.0948	-0.0666

表 3-3　方位角测量误差均值区间估计统计表

i	2	3	4	5	6	7	8	9	10
$d(i)$	2.2150	0.7369	0.5811	0.6042	0.4875	0.4149	0.3794	0.3560	0.3325
Δd	—	-1.4781	-0.1558	0.0231	-0.1167	-0.0726	-0.0356	-0.0234	-0.0235
value	—	-0.6673	-0.2114	0.0397	-0.1931	-0.1488	-0.0858	-0.0616	-0.0660

表 3-4　高低角测量误差均值区间估计统计表

i	2	3	4	5	6	7	8	9	10
$d(i)$	4.8337	1.2330	0.8814	0.8326	0.7161	0.5993	0.5183	0.4616	0.4199
Δd	—	-3.6008	-0.3516	-0.0488	-0.1166	-0.1167	-0.0810	-0.0567	-0.0417
value	—	-0.7449	-0.2851	-0.0553	-0.1400	-0.1630	-0.1352	-0.1093	-0.0903

最后，考查贡献率随样本量的变化情况。从表 3-2～表 3-4 可以看出，随着样本量的增加，|value| 虽然有所波动，但总体趋势均是逐渐减小且 value 为负值，说明新增航迹的贡献率逐渐减小。某型武器系统 A 中为保证各性能指标的 value<0 且 |value|<10%，有效航次数量分别为 9、8、9。换句话说，航次数量分别达到 8、7、8 时，就没有必要再增加样本量。因此，根据样本量确定指标中对贡献率的要求，对于某型武器系统 A 来讲，有效航次数量为 8 次。

2．某型武器系统 B

根据 10 组动态精度飞行试验数据计算了某型武器系统 B 全航路的三个性能参数（斜距离、方位角、高低角）的误差均值（系统误差）的区间估计。在此基础上，绘制了估计区间左右端点、区间长度随样本量 N 的变化曲线，如

图 3-10~图 3-12 所示。

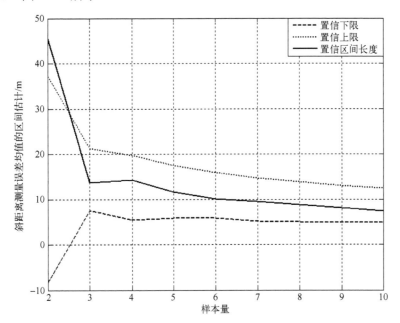

图 3-10 斜距离一次差均值的区间估计

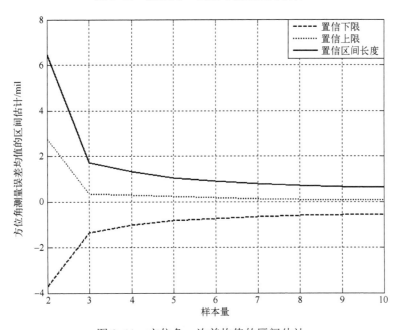

图 3-11 方位角一次差均值的区间估计

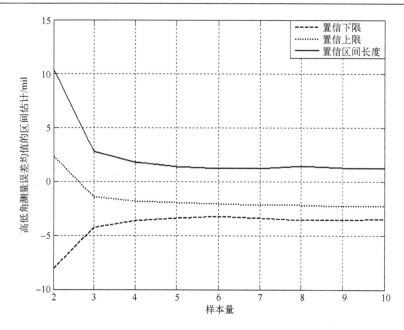

图 3-12　高低角一次差均值的区间估计

首先，考察均值置信区间长度。通过图 3-10～图 3-12 不难看出，当 N 值较小时，三个性能参数的均值的区间估计，其左右端点取值及区间长度波动较大。但随着 N 值的增大，区间估计的左右端点取值及区间长度渐趋稳定、波动很小，当 N 增大到一定程度以后，可以认为就没有必要再增加样本量。

其次，考察三个性能参数的均值置信区间长度的变化率。对于每个性能参数，计算了 Δd，分别如表 3-5～表 3-7 所示。从三个统计表可以看出，除斜距离和高低角中有三个 Δd 为正值外，Δd 为负值且 $|\Delta d|$ 在减小，说明估计精度的提高逐渐缓慢。

表 3-5　斜距离测量误差均值的区间估计统计表

i	2	3	4	5	6	7	8	9	10
$d(i)$	45.4938	13.6970	14.2887	11.6328	10.0580	9.5188	8.8203	8.0509	7.4255
Δd	—	-31.7968	0.5917	-2.6560	-1.5747	-0.5392	-0.6986	-0.7694	-0.6255
value	—	-0.6989	-0.0432	-0.1859	-0.1354	-0.0536	-0.0734	-0.0872	-0.0777

表 3-6　方位角测量误差均值区间估计统计表

i	2	3	4	5	6	7	8	9	10
$d(i)$	6.4601	1.7078	1.3298	1.0485	0.9224	0.8023	0.7124	0.6538	0.6365
Δd	—	-4.7523	-0.3780	-0.2814	-0.1260	-0.1202	-0.0898	-0.0586	-0.0173
value	—	-0.7356	-0.2213	-0.2116	-0.1202	-0.1303	-0.112	-0.0823	-0.0264

表 3-7　高低角测量误差均值区间估计统计表

i	2	3	4	5	6	7	8	9	10
$d(i)$	10.3716	2.8040	1.8004	1.4154	1.1921	1.1996	1.4290	1.2969	1.1949
Δd	—	-7.5676	-1.0036	-0.3849	-0.2233	0.0075	0.2294	-0.1321	-0.1019
value	—	-0.7296	-0.3579	-0.2138	-0.1578	-0.0063	-0.1912	-0.0924	-0.0786

最后，考查贡献率随样本量的变化情况。从表 3-5～表 3-7 可以看出，随着样本量的增加，|value|虽然有所波动，但总体趋势均是逐渐减小且 value 为负值，说明新增航迹的贡献率逐渐减小。当航次数量为 7、9、9 时，分别能保证某型武器系统 B 中各性能指标的 value < 0 且 | value| <10%，即航次数量分别为 6、8、8 即可。因此，根据样本量确定指标中对贡献率的要求，对于某型武器系统 B 来讲，有效航次数量为 8 次。

3.3.3　对空射击虚实混合试验目标实测数据的生成

1．简单随机抽样

由于在动态精度飞行试验中，靶机是按照预定航路重复飞行，因此每条航路差异并不大，因而采用简单随机抽样。简单随机抽样的实施办法包括抽签法、统计软件直接抽取法、随机数法。其中随机数法又分为使用计算器、使用计算机、使用随机数表、使用随机数骰子、使用电子随机数抽样器等。本书利用随机数表法进行简单随机抽样。《随机数表》上数字的出现及其排列是随机形成的，从 0，1，2，…，9 共 10 个数字大体各占 1/10。

使用《随机数表》进行简单随机抽样的实施过程如下：先把总体中所有单

元加以编号，根据编号的最大位数确定使用随机数表的列数，然后从任意一列、任意一行开始，可以向任何方向数过去，遇到属于编号范围内的数字号码就确定下来作为样本单位。如果选用不重复抽样方法，在遇到重复的数字时就不选取它，这样一直找下去，直到取足 n 个单位为止。

本书中需从 8 个总体单位中抽取 1 个单位，首先将总体各单位按 1～8 编号，编号最多是一位数字，因此使用随机数表中的任意一列，然后随机确定行列开始取数。假定从第 4 行第 3 列的数字开始取样，沿列抽取，超出编号范围的都不取，于是抽出编号为 07 所对应的单元就是我们虚拟射击试验所需要的航迹。部分《随机数表》如图 3-13 所示。

```
03 47 43 73 86    36 96 47 36 61    46 98 63 71 62    33 26 16 80 45    60 11 14 10 95
97 74 24 67 62    42 81 14 57 20    42 53 32 37 32    27 07 36 07 51    24 51 79 89 73
16 76 62 27 66    56 50 26 71 07    32 90 79 78 53    13 55 38 58 59    88 97 54 14 10
12 56 85 99 26    96 96 68 27 31    05 03 72 93 15    57 12 10 14 21    88 26 49 81 76
55 59 56 35 64    38 54 82 46 22    31 62 43 09 90    06 18 44 32 53    23 83 01 30 30

16 22 77 94 39    49 54 43 54 82    17 37 93 23 78    87 35 20 96 43    84 26 34 91 64
84 42 17 53 31    57 24 55 06 88    77 04 74 47 67    21 76 33 50 25    83 92 12 06 76
62 01 63 78 59    16 95 55 67 19    98 10 50 71 75    12 86 73 58 07    44 39 52 38 79
33 21 12 34 29    78 64 56 07 82    52 42 07 44 38    15 51 00 13 42    99 66 02 79 54
57 60 86 32 44    09 47 27 96 54    49 17 46 09 62    90 52 84 77 27    08 02 73 43 28

18 18 07 92 45    44 17 16 58 09    79 83 86 19 62    06 76 50 03 10    55 23 64 05 05
26 62 38 97 75    84 16 07 44 99    83 11 46 32 24    20 14 85 88 45    10 93 72 88 71
23 42 40 64 74    82 97 77 77 81    07 45 32 14 08    32 98 94 07 72    93 85 79 10 75
52 36 28 19 95    50 92 26 11 97    00 56 76 31 38    80 22 02 53 53    86 60 42 04 53
37 85 94 35 12    83 39 50 08 30    42 34 07 96 88    54 42 06 87 98    35 85 29 48 39
```

图 3-13　部分《随机数表》

2. 数据的判定

从航次数据中抽取的是第 7 条航路，由于对空射击试验要求在航前 3km 处进行射击。这里重点关注第 7 条航路上对应于射击点时刻 j 的动态测量误差 ΔX_{ij}。可以按下列步骤对抽取的航路数据进行判定。

（1）根据射击点对应的时刻 14:50:59:263，可以确定出 ΔX_{ij} 所在的平稳区间为第二段。

（2）按式（3-20）和式（3-21）计算第二段内各参数系统误差和标准差的估值，见表 3-1 分组 2 所对应的数据。

对于斜距离误差：

$\Delta X_{ij} = -3.7958\text{m}$，$|\Delta X_{ij} - \overline{\Delta X}| = 13.4648\text{m} < 3 \times 5.3301 = 15.9903\text{m}$，结果表明斜距离误差数据非异常。

对于方位角误差：

$\Delta X_{ij} = -0.0402$ mil，$|\Delta X_{ij} - \overline{\Delta X}|=0.0352$ mil$<3\times 0.2443 = 0.7329$ mil，结果表明方位角误差数据非异常。

对于高低角误差：

$\Delta X_{ij} = -0.2448$ mil，$|\Delta X_{ij} - \overline{\Delta X}|=0.0115$ mil$<3\times 0.6603 = 1.9809$ mil，结果表明高低角误差数据非异常。

以上判断过程说明第 7 条航路误差数据非异常，可以用于对空射击虚实混合试验。

3.3.4 抽样方法的验证

下面以某型武器系统 B 为例进行航迹生成的验证，主要包括正态分布的检验、平稳性检验、性能指标的置信度等。

1. 正态分布的检验

不妨首先对某一时刻斜距离测量误差是否服从正态分布进行检验，此误差记为随机变量 X，误差数据为（1.2424，0.9465，1.3618，-0.3051，0.1591，0.3501，-0.4266，-1.6911，-0.6147，-1.0223），按 Kolmogorov-Smirnov 检验法进行正态性检验。通过计算可假设 H_0：$X \sim N(\mu,\sigma^2)$，则假设分布函数为

$$F_X(x) = \int_{-\infty}^{x} \frac{1}{\sqrt{2\pi}\sigma} e^{\frac{-(t-\mu)^2}{2\sigma^2}} dt$$

利用样本数据得到经验分布函数 $F_S(x)$，样本数据的 $F_S(x)$、$F_X(x)$ 如图 3-14 所示。在 $x = 0.9465$ 处，二者的差值最大即 $D = 0.1281$ 且在显著性水平 0.05 下，$D < D_{10,0.05} = 0.6661$，故接受原假设，即 $X \sim N(\mu,\sigma^2)$。

同理，对其他 4001 个时刻的斜距离测量误差数据和全部时刻的方位角测量误差、高低角测量误差应用 Kolmogorov-Smirnov 检验法进行正态性检验，统计结果见表 3-8。统计结果显示，某一时刻斜距离误差、方位角误差、高低角误差服从正态分布的比例分别达到 100%、99.92%、98.15%，表明了某一时刻测量误差服从正态分布的正确性。

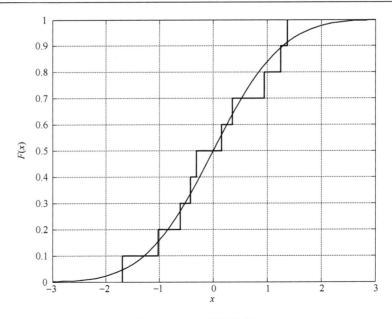

图 3-14　正态性检验实例

表 3-8　测量误差正态分布检验统计表

误差类型	斜距离误差	方位角误差	高低角误差
时刻数目	4002	4002	4002
服从正态分布	4002	3999	3928
不服从正态分布	0	3	74
服从率	100%	99.92%	98.15%

2. 平稳性检验

应用 3.2.4 节中的 t 检验和 F 检验对区间划分的平稳性进行检验。由于靶机速度较快（约为 200m/s），因此区间平稳性检验可简化为检验区间起始时刻和终止时刻处的测量误差是否来自同一正态母体即可。分别对斜距离误差、方位角误差、高低角误差的 6 个平稳区间进行检验，统计结果见表 3-9。统计结果表明，在显著性水平 $\alpha=0.05$ 下，除一个区间外，各区间均可认为平稳。

表 3-9 平稳性检验统计表

误差类型	斜距离误差	方位角误差	高低角误差
平稳区间数目	6	6	6
区间平稳数目	6	6	5
区间不平稳数目	0	0	1
平稳率	100%	100%	83.3%

3. 性能指标检验的置信度

对于全航路斜距离测量误差的系统误差，系统误差均值的估值 $m_0 = 8.7241\text{m}$，系统误差均方差的估值 $\bar{\sigma} = 6.5783\text{m}$，指标门限 $\mu_0 = 15\text{m}$，那么性能指标检验的置信度至少为 $1 - \Phi\left(\dfrac{m_0 - \mu_0}{\bar{\sigma}}\right) = 0.83$。

对于全航路方位角测量误差的系统误差，系统误差均值的估值 $m_0 = -0.2415\text{mil}$，系统误差均方差的估值 $\bar{\sigma} = 0.7356\text{mil}$，指标门限 $\mu_0 = 0.5\text{mil}$，那么性能指标检验的置信度至少为 $\Phi\left(\dfrac{m_0 + \mu_0}{\bar{\sigma}}\right) = 0.6374$。

对于全航路高低角测量误差的系统误差，系统误差均值的估值 $m_0 = -0.2366\text{mil}$，系统误差均方差的估值 $\bar{\sigma} = 0.9133\text{mil}$，指标门限 $\mu_0 = 0.5\text{mil}$，那么性能指标检验的置信度至少为 $\Phi\left(\dfrac{m_0 + \mu_0}{\bar{\sigma}}\right) = 0.6135$。

从三个性能指标检验的置信度来看，均有较大概率认为所获取的航次数据能够用于有效估计武器系统动态精度，以达到动态精度飞行试验的目的，从侧面说明了航迹生成过程的正确性。

第4章 基于误差模型的航迹生成方法

航迹生成是进行试验的前提条件，本章针对边界试验条件下装备性能考核需求，按照"目标测量值=航迹理想值+雷达测量误差"的思路，以航路理想模型作为基础，将该模型与对应的防空武器系统跟踪测量误差相叠加作为目标测量值数据，生成贴近实战的单机和机群的复杂航路轨迹。主要解决以下三个方面的问题：

（1）目标坐标测定器测量误差模型的形式问题，即测量误差受哪些因素的影响，这些因素与最终的测量误差是什么样的函数关系；

（2）目标坐标测定器测量误差模型的建模问题，即如何根据已有目标实测数据和真值数据，建立测量误差模型；

（3）目标航迹数据仿真及其验证问题，即如何利用测量误差模型生成目标航迹数据，以及如何评定所生成的航迹数据与真实航迹数据的相似度。

4.1 问题描述与分析

当动态精度飞行试验数据不能满足目标实测数据抽样算法要求且不便于增加飞行航次的情况下，就必须基于误差模型利用已有的实测数据来生成新的目标测量值数据。目标测量值生成方法的核心是生成一组对应的目标实测值数据和真值数据，因此我们考虑以试验预定的典型航路的理想模型作为目标真值数据，而将该模型与对应的高炮武器跟踪误差相叠加作为目标测量值数据。这样，目标测量值数据生成问题就转换为火控雷达跟踪测量误差的分析与建模问题。

雷达跟踪测量误差分为随机误差、系统误差和野值三类。

（1）随机误差：在一定观测条件下进行多次重复测量或在时间序列上测量时，总存在一种量值和符号都不固定、也无任何变化规律，但从总体上来说，又服从一定统计特性（均值、方差和分布）的误差，称为随机误差。随机误差的无规律性和不可预测性决定了它不能消除性。

（2）系统误差：与随机误差相反，测量数据中量值和符号保持常值或按一定规律变化的误差，称为系统误差。由于系统误差有一定规律，甚至可以用函数来表示，在数据处理时可以预先进行修正。

（3）野值：比真值明显偏大或偏小，偏差量严重超过精度范围的观测数据称为野值，也称为异常值、跳点或过失误差。野值是明显不合理的且对观测结果产生不利影响，其判别与处理方法不再赘述。

对于同一典型航路而言，跟踪测量误差应当是时间 t 的连续函数，误差大小与航路参数及雷达系统本身特性有关，其函数关系非常复杂，只能基于已有试验数据采用统计分析的方法对误差模型进行近似。

在动态精度飞行试验中，火控雷达系统在典型航路上跟踪目标的动态误差 $\Delta X(t)$ 可以看作是随机过程。通过 N 个航次的飞行试验得到的跟踪误差数据如式（4-1）所列，它们是随机过程 $\{\Delta X(t)\}$ 的 N 个现实的离散化值。

$$\begin{matrix} & t_1 & t_2 & \cdots & t_n \\ \Delta X_1(t) & \Delta X_1(t_1) & \Delta X_1(t_2) & \cdots & \Delta X_1(t_n) \\ \Delta X_2(t) & \Delta X_2(t_1) & \Delta X_2(t_2) & \cdots & \Delta X_2(t_n) \\ \vdots & \vdots & \vdots & \ddots & \vdots \\ \Delta X_N(t) & \Delta X_N(t_1) & \Delta X_N(t_2) & \cdots & \Delta X_N(t_n) \end{matrix} \quad (4\text{-}1)$$

对应每一个记录时刻 t_i，$\Delta X(t_i)$ 是随机过程的截口，因而是随机变量，$\Delta X_1(t_i), \Delta X_2(t_i), \cdots, \Delta X_N(t_i)$ 是 $\Delta X(t_i)$ 的容量为 N 的样本。

基于误差模型的航迹生成方法研究的核心问题是通过对动态精度飞行试验中 N 个航次的雷达跟踪误差数据的统计分析，建立跟踪测量误差模型，利用该模型模拟产生离散的航迹数据，并利用已知的典型航路数据对模型的正确性进行验证。

4.2 雷达测量误差模型构建

4.2.1 测量误差模型形态构建

雷达测量误差包括缓变的系统误差和快变的随机误差两部分，这两部分均随着目标的雷达截面积、运动状态和运动背景的变化而变化，但与目标的飞行航迹无关。在雷达动态精度飞行试验中，利用数据录取设备得到的以雷达天线中心为坐标原点的目标位置坐标为 (D_{ct}, E_{ct}, A_{ct})，其中，D_{ct} 为目标斜距离测量值，E_{ct} 为目标高低角测量值，A_{ct} 为目标方位角测量值，同一时刻光电测量设备测得的目标坐标真值进行球坐标变换后坐标为 (D_t, E_t, A_t)，其中，D_t 为目标斜距离真值，E_t 为目标高低角真值，A_t 为目标方位角真值，由此可得雷达的测量误差为

$$\begin{cases} \Delta D_t = D_{ct} - D_t \\ \Delta E_t = E_{ct} - E_t \\ \Delta A_t = A_{ct} - A_t \end{cases} \tag{4-2}$$

其中，ΔD_t，ΔE_t，ΔA_t 分别为 t 时刻的目标斜距离误差、目标高低角误差和目标方位角误差，则 $\Delta X(t) = (\Delta D_t, \Delta E_t, \Delta A_t)$。本节仅以方位角跟踪测量误差为例进行误差模型构建方法分析，斜距离误差模型和高低角误差模型的构建方法类似。

测量误差与目标位置及其运动有关，在统计上表示为误差序列 $\{\Delta A_t\}$ 的均值函数和均方根函数与目标位置坐标 (D_t, E_t, A_t) 和目标运动参数 D_t'、E_t'、A_t'、D_t''、E_t''、A_t'' 之间存在回归关系，即

$$\Delta A_t = f(\boldsymbol{x}_t) + u_t \tag{4-3}$$

其中，$\boldsymbol{x}_t = (D_t, E_t, A_t, D_t', E_t', A_t', D_t'', E_t'', A_t'')^{\mathrm{T}}$，$D_t' = \dfrac{\mathrm{d}D_t}{\mathrm{d}t}$，$E_t' = \dfrac{\mathrm{d}E_t}{\mathrm{d}t}$，$A_t' = \dfrac{\mathrm{d}A_t}{\mathrm{d}t}$，$D_t'' = \dfrac{\mathrm{d}D_t'}{\mathrm{d}t}$，$E_t'' = \dfrac{\mathrm{d}E_t'}{\mathrm{d}t}$，$A_t'' = \dfrac{\mathrm{d}A_t'}{\mathrm{d}t}$，且 $\{u_t\}$ 为残差序列，满足 $\mathrm{E}u_t = 0$，$\mathrm{E}u_t^2 = \sigma^2(\boldsymbol{x}_t)$。

虽然误差序列 $\{\Delta A_t\}$ 关于 $\boldsymbol{x}_t$ 的回归函数 $f(\boldsymbol{x}_t)$，是线性函数或分段线性函数，但本书仅针对 $f(\boldsymbol{x}_t)$ 为线性函数的情形进行研究，式（4-3）可改写为

$$\Delta A_t = \boldsymbol{\beta}^{\mathrm{T}} \boldsymbol{x}_t + u_t \tag{4-4}$$

利用多元线性回归的逐步回归法，确定模型（4-4）的因变量 $\boldsymbol{x}_t$ 中，对方位角误差 ΔA 有显著影响的分量，确定误差模型的影响因素，进而确定误差模型中回归函数的形态。

多元线性回归的逐步回归法的求解步骤如下：

（1）误差数据 ΔA 对 $\boldsymbol{x}_t$ 的每个分量做一元线性回归，把回归平方和最大的分

量作偏 F 检验，若有统计学意义，则把该自变量引入方程；

（2）考虑在方程中引入第一个分量的基础上，计算 x_t 的其他分量的偏回归平方和，选取偏回归平方和最大的一个分量作偏 F 检验，如果有统计学意义，则引入该分量；

（3）新的分量引入方程后，对引入方程中的所有分量作偏 F 检验，以判断是否需要剔除一些退化为"不显著"的分量，以确保每次引入新分量前方程中只包含有"显著"作用的分量；

（4）重复步骤（2）和步骤（3），直到既没有分量需要引入方程，也没有分量从方程中剔除为止。

由于误差数据的一次差分的主要成分是随机误差，而误差数据的二次差分几乎消除了误差的趋势。经正态性检验，可以认为，误差数据的二次差分是一零均值正态序列。

令 $\nabla(\Delta A_t) = \Delta A_t - \Delta A_{t-1}$，表示高低角测量误差的一次差分；$\nabla^2(\Delta A_t) = \nabla(\nabla(\Delta A_t))$，表示高低角测量误差的二次差分。应用方差不等的 Bartlett 检验，可确定二次差分序列 $\{\nabla^2(\Delta A_t)\}$ 是方差时变的。因此，残差 u_t 是时变的，且 $Eu_t^2 = \sigma^2(\boldsymbol{x}_t)$，则 u_t 可表示为如下形式：

$$u_t = \sigma_t e_t \tag{4-5}$$

其中，$\{e_t\}$ 为一个随机序列，且 $Ee_t = 0$，$Ee_t^2 = 1$，σ_t 是随时间缓变的关于 x_t 的函数，即

$$\sigma_t^2 = \sigma^2(\boldsymbol{x}_t) \tag{4-6}$$

利用 AIC 准则确定 AR 序列 $\{e_t\}$ 的阶数 p，即使得 AIC 值最小的 p 值：

$$\mathrm{AIC}(p) = \ln \hat{\sigma}^2 + \frac{2(p+1)}{N} \tag{4-7}$$

其中，拟合残差 $\hat{\sigma}$ 为阶数 p 的函数。则 e_t 服从 AR(p) 模型，即

$$e_t = \alpha_1 e_{t-1} + \alpha_2 e_{t-2} + \cdots + \alpha_p e_{t-p} + r_t \tag{4-8}$$

其中，r_t 为高斯白噪声，且 $\alpha_i (i=1,2,\cdots,p)$ 满足

$$\phi(z) = 1 - \alpha_1 z - \alpha_2 z^2 - \cdots - \alpha_p z^p \neq 0, \quad |z| \leqslant 1 \tag{4-9}$$

下面讨论 $\{\sigma_t\}$ 的结构。假设 $\sigma_t^2 = \boldsymbol{\theta}^\mathrm{T} |x_t|$，且 $|\theta|>0$。其中，$\boldsymbol{\theta} = (\theta_1,\theta_2,\cdots,\theta_n)^\mathrm{T} > 0$，即每个 $\theta_i > 0 \,(i=1,2,\cdots,n)$，$|x_t|$ 表示 x_t 的每个分量均取绝对值，利用多元线性回归的逐步回归法，确定因变量 x_t 中对 σ_t^2 有显著影响的分量，进而确定 σ_t 的形态。

通过以上分析，方位角误差 $\Delta A_t = y_t$ 的统计模型形态为

$$\begin{cases} y_t = \boldsymbol{\beta}^\mathrm{T} \tilde{\boldsymbol{x}}_t + u_t & \text{①} \\ u_t = \sigma_t e_t & \text{②} \\ e_t = \alpha_1 e_{t-1} + \alpha_2 e_{t-2} + \cdots + \alpha_p e_{t-p} + r_t & \text{③} \\ \sigma_t = \sigma(\tilde{x}_t) = \sqrt{\boldsymbol{\theta}_t^\mathrm{T} |\tilde{x}_t|} + \xi_t & \text{④} \end{cases} \quad (4\text{-}10)$$

其中，$\tilde{\boldsymbol{x}}_t = (x_{\beta 1}, x_{\beta 2}, \cdots, x_{\beta m})^\mathrm{T}$ 表示因变量 x_t 中，对 y_t 有显著影响的分量构成的向量；$\tilde{\boldsymbol{x}}_t = (x_{\theta 1}, x_{\theta 2}, \cdots, x_{\theta m})^\mathrm{T}$ 表示因变量 x_t 中，对 σ_t 有显著影响的分量构成的向量。

4.2.2 测量误差模型参数估计

由于模型 $y_t = \boldsymbol{\beta}^\mathrm{T} x_t + u_t$ 的参数 $\boldsymbol{\beta}$ 的估计 $\hat{\boldsymbol{\beta}}_N$ 与参数 $\alpha_i (i=1,2,\cdots,p)$ 相关，因此，先对残差序列的模型参数进行估计。

记 $\boldsymbol{Y}_N = (y_1, y_2, \cdots, y_N)^\mathrm{T}$，$\boldsymbol{X}_N = (\tilde{x}_1, \tilde{x}_2, \cdots, \tilde{x}_N)^\mathrm{T}$，$\boldsymbol{\beta} = (\beta_1, \beta_2, \cdots, \beta_N)^\mathrm{T}$，$\boldsymbol{U}_N = (u_1, u_2, \cdots, u_N)^\mathrm{T} \stackrel{\Delta}{=} (\sigma_1 e_1, \sigma_2 e_2, \cdots, \sigma_N e_N)^\mathrm{T}$。则由模型 $y_t = \boldsymbol{\beta}^\mathrm{T} \tilde{x}_t + u_t$ 知

$$\boldsymbol{Y}_N = \boldsymbol{X}_N \boldsymbol{\beta} + \boldsymbol{U}_N \quad (4\text{-}11)$$

由 $\tilde{x}_t$ 的生成过程知，X_N 是列满秩的，因此，利用最小二乘法对回归方程（4-11）进行参数估计得

$$\hat{\boldsymbol{\beta}}_N = (\boldsymbol{X}_N^\mathrm{T} \boldsymbol{X}_N)^{-1} \boldsymbol{X}_N^\mathrm{T} \boldsymbol{Y}_N \quad (4\text{-}12)$$

则 $\hat{u}_k = y_k - \hat{\boldsymbol{\beta}}_N^\mathrm{T} \tilde{x}_k \quad k=1,2,\cdots,N$。

令 $q_u = \lfloor \sqrt{N}/\lg N \rfloor$，其中 $\lfloor \cdot \rfloor$ 表示下取整。将 $u_1, u_2, \cdots, u_N$ 分为 q_u 组，每组含 N_u 个数据，使得 $N = \sum_{i=1}^{q_u} N_{ui}$，且 $N_{ui} = \lfloor N/q_u \rfloor (i=1,2,\cdots,q_u - 1)$，$N_{uq_u} = N - N_{ui} \times (q_u - 1)$。

记 $T_0 = 0$，$T_j = \sum_{l=1}^{j} N_{ul} \,(j=1,2,\cdots,q_u)$，$S_j = \{k | T_{j-1} < k \leqslant T_j\}$，定义 σ_t^2 的估

计为

$$\hat{\sigma}_k^2 = \hat{\sigma}_{(j)}^2 = \frac{1}{N_{uj}} \sum_{l \in S_j} u_l^2 \quad (4\text{-}13)$$

其中，$k \in S_j$，$j = 1, 2, \cdots, q_u$。

令 $\hat{e}_k = \hat{u}_k / \hat{\sigma}_k$，$k = 1, 2, \cdots, N$，则 e_k 的自协方差 $\hat{\gamma}_h$ 的估计为

$$\hat{\gamma}_h = \frac{1}{N} \sum_{l=h+1}^{N} \hat{e}_l \hat{e}_{l-h} \quad 0 \leqslant l \leqslant p \quad (4\text{-}14)$$

根据时间序列分析理论，式（4-8）中的参数 $\boldsymbol{\alpha} = (\alpha_1, \alpha_2, \cdots, \alpha_p)^T$ 的估计为

$$\hat{\boldsymbol{\alpha}} = \boldsymbol{\Gamma}_p^{-1} \hat{\boldsymbol{R}}_p \quad (4\text{-}15)$$

其中，$\boldsymbol{\Gamma}_p = (\hat{\gamma}_{h-l})$，$h, l = 1, 2, \cdots, p$，$\hat{\boldsymbol{R}}_p = (\hat{\gamma}_1, \hat{\gamma}_2, \cdots, \hat{\gamma}_p)^T$。

对非线性回归方程 $\sigma_t = \sqrt{\boldsymbol{\theta}_t^T | \tilde{x}_t |} + \xi_t$ 的参数 $\boldsymbol{\theta} = (\theta_1, \theta_2, \cdots, \theta_n)^T$ 进行非线性最小二乘估计，可求得参数的估计值 $\hat{\boldsymbol{\theta}} = (\hat{\theta}_1, \hat{\theta}_2, \cdots, \hat{\theta}_n)^T$。

4.2.3 雷达测量误差模型验证

本节所使用原始数据集为 20 组飞行试验数据，数据包含采样时间、目标坐标真值和目标坐标测量值。对各组飞行试验数据进行对准、坐标转换等预处理后，得到本节实验数据集。为不失一般性，本节选择第 12 组飞行试验数据作为训练数据，用于生成该雷达系统的测量误差模型，使用第 13 组飞行试验数据作为测试数据，用于验证误差模型的有效性。这两组数据均包含 324 个采样点，每个采样点记录采样时间、目标球坐标真值和目标球坐标测量值。本节仅以方位角误差模型生成过程为例进行模型求解和验证。高低角误差模型和斜距离误差模型的求解原理类似，仅给出运用本节方法构建的模型，参数求解过程不再一一赘述。

1. 某雷达系统测量误差模型生成

本节所使用训练数据中，方位角测量误差 ΔA_t 如图 4-1 所示。

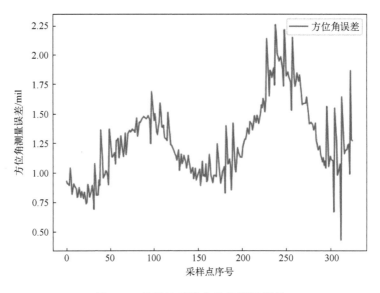

图 4-1 某雷达系统方位角测量误差

利用多元线性回归分析的逐步回归法，求得方位角测量误差 ΔA_t 与目标方位角 A_t、高低角 E_t、高低角一次差分 E_t' 和方位角一次差分 A_t' 成线性关系，因此，式（4-10）中模型①可表示为

$$\Delta A_t = \beta_1 A_t + \beta_2 A_t' + \beta_3 E_t + u_t \quad (4-16)$$

利用最小二乘法求得式（4-16）中参数的估计值为

$$\hat{\beta}_1 = 0.0199, \quad \hat{\beta}_2 = -5.2324, \quad \hat{\beta}_3 = -0.0009$$

则 $\hat{u}_k = \Delta A_k - 0.0199 A_k + 5.2324 A_k' + 0.0009 E_k'$，$k=1,2,3,\cdots,N-2$，$N$ 为样本个数。

又因为 $q_u = \lfloor \sqrt{N}/\lg N \rfloor = \lfloor \sqrt{324}/\lg 324 \rfloor = 7$，故将 $\hat{u}_k$ 划分为 7 组，前 6 组每组 46 个数据，第 7 组 48 个数据，则 $T_j = \sum_{l=1}^{j} N_{ul}$ $(j=1,2,\cdots,7)$，$S_j = \{k \mid T_{j-1} < k \leqslant T_j\}$，根据式（4-13）计算

$$\begin{cases} \hat{\sigma}_{(j)} = \dfrac{1}{46} \sum_{k \in S_j} \hat{u}_k^2 & j=1,2,\cdots,6 \\ \hat{\sigma}_{(j)} = \dfrac{1}{48} \sum_{i=1}^{48} \hat{u}_{276+i}^2 & j=7 \end{cases} \quad (4-17)$$

求得 $\hat{\sigma}_{(j)}$，如表 4-1 所示。

表 4-1 残差方差的分段估计值

j	1	2	3	4	5	6	7
$\hat{\sigma}_{(j)}$	0.17007	0.19915	0.18450	0.28374	0.22757	0.40714	0.30812

令 $\hat{e}_k = \hat{u}_k / \hat{\sigma}_k = \hat{u}_k / \hat{\sigma}_{(j)}$，其中，$k \in S_j$，$j = 1,2,\cdots,7$，对 $\hat{e}_k$ 的一次差分以 AIC 准则做 ADF 检验，求得假设检验值 adf = −5.2125，小于显著性水平 10%时的临界值 −2.5718，且检验结果 pvalue = $8.2884 \times e^{-6}$，由此可见 $\hat{e}_k$ 的一次差分平稳。$\hat{e}_k$ 的自相关函数和偏相关函数如图 4-2 所示。

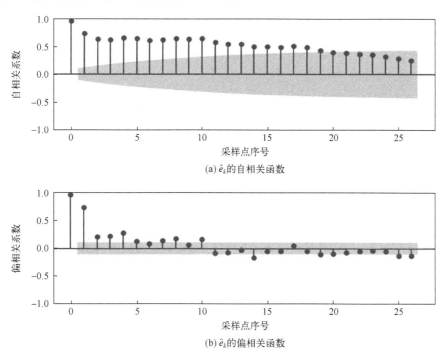

(a) $\hat{e}_k$ 的自相关函数

(b) $\hat{e}_k$ 的偏相关函数

图 4-2 $\hat{e}_k$ 的自相关函数和偏相关函数

从图中可以看出，$\hat{e}_k$ 的自相关函数始终有非零取值，因此是拖尾的，而 $\hat{e}_k$ 的偏相关函数在大于 2 后趋于 0，因此是 2 阶截尾的。所以，AR 序列 $\{\hat{e}_k\}$ 的阶数为 2，因此，有

$$\hat{e}_t = -0.007 + 0.5881\hat{e}_{t-1} + 0.2064\hat{e}_{t-2} \tag{4-18}$$

对式（4-10）中模型④利用逐步回归法进行选元，求得 σ_t 与高低角 E_t、距离 D_t、方位角一次差分成 A'_t 线性关系，因此对回归方程 $\sigma_t = \sqrt{\theta_1 E_t + \theta_2 D_t + \theta_3 A'_t} + \xi_t$ 的参数进行非线性最小二乘估计，求得 $\hat{\theta}_1 = 0.0009$，$\hat{\theta}_2 = -0.0002$，$\hat{\theta}_3 = -0.3068$。

综上，求得方位角误差模型为

$$\begin{cases} \Delta A_t = 0.0199 A_t - 5.2324 A'_t - 0.0009 E'_t + \sigma_t e_t \\ \sigma_t = \sqrt{0.0009 E_t - 0.0002 D_t - 0.3068 A'_t} \\ \hat{e}_t = -0.007 + 0.5881 \hat{e}_{t-1} + 0.2064 \hat{e}_{t-2} \end{cases} \quad (4-19)$$

同理可得，高低角误差模型为

$$\begin{cases} \Delta E_t = 0.0091 A_t - 0.0026 E_t + 0.0004 D_t + 1.0786 E'_t + 0.6202 E''_t + \sigma_t e_t \\ \sigma_t = \sqrt{0.0021 A_t + 16.7544 D_t - 0.0005 E_t} \\ \hat{e}_t = 0.0149 + 0.5669 \hat{e}_{t-1} + 0.0957 \hat{e}_{t-2} \end{cases} \quad (4-20)$$

斜距离误差模型为

$$\begin{cases} \Delta D_t = 10.0172 A'_t + 0.6827 D'_t + \sigma_t e_t \\ \sigma_t = \sqrt{0.0049 A_t + 0.0003 D_t} \\ \hat{e}_t = \alpha_0 + \sum_{i=1}^{9} \alpha_i \hat{e}_{t-i} \end{cases} \quad (4-21)$$

其中，$\alpha_0 = -0.0056$，$\alpha_1 = 0.3245$，$\alpha_2 = -0.0605$，$\alpha_3 = 0.0191$，$\alpha_4 = 0.0880$，$\alpha_5 = -0.0186$，$\alpha_6 = 0.0646$，$\alpha_7 = 0.0134$，$\alpha_8 = 0.1028$，$\alpha_9 = 0.1579$。

2. 测量航迹数据验证

本节所使用测试数据真实值 (D_t, E_t, A_t) 如图4-3所示，将该数据代入式（4-19），求得该组测试数据的误差数据 $(\Delta D_t, \Delta E_t, \Delta A_t)$，根据式（4-22）求得测试数据中方位角测量值的估计值 $(\hat{D}_{ct}, \hat{E}_{ct}, \hat{A}_{ct})$，该值即为仿真测量数据，将其与测试数据中的测量值进行对比，如图4-4所示。

$$\begin{cases} D_{ct} = D_t + \Delta D_t \\ E_{ct} = E_t + \Delta E_t \\ A_{ct} = A_t + \Delta A_t \end{cases} \quad (4-22)$$

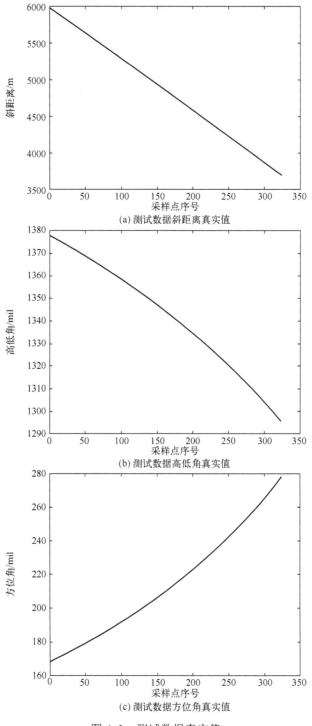

(a) 测试数据斜距离真实值

(b) 测试数据高低角真实值

(c) 测试数据方位角真实值

图 4-3　测试数据真实值

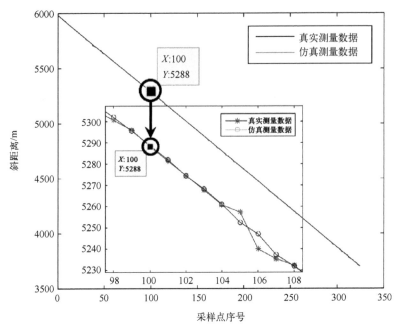

(a) 斜距离测试数据仿真测量值与真实测量值对比图

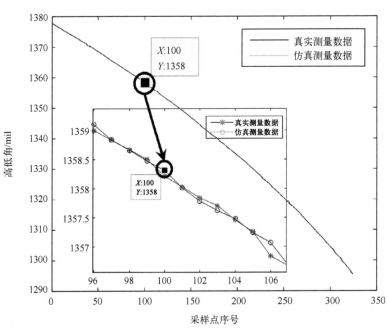

(b) 高低角测试数据仿真测量值与真实测量值对比图

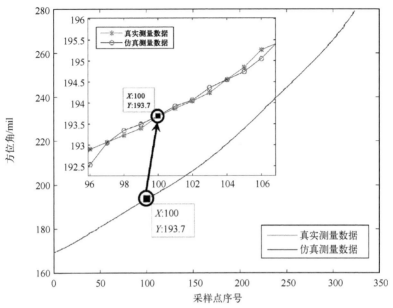

(c)方位角测试数据仿真测量值与真实测量值对比图

图 4-4 测试数据仿真测量值与真实测量值对比图

利用式(4-23)，求得斜距离的仿真测量值 D_{ct} 与真实测量值 $\bar{D}_{ct}$ 的均方误差 R_D 为 2.2847m，高低角的仿真测量值 E_{ct} 与真实测量值 $\bar{E}_{ct}$ 的均方误差 R_E 为 0.1097mil，方位角的仿真测量值 A_{ct} 与真实测量值 $\bar{A}_{ct}$ 的均方误差 R_A 为 0.1657mil。

$$\begin{cases} R_D = \sqrt{\sum_{i=0}^{323}(D_{ct}-\bar{D}_{ct})^2/324} \\ R_E = \sqrt{\sum_{i=0}^{323}(E_{ct}-\bar{E}_{ct})^2/324} \\ R_A = \sqrt{\sum_{i=0}^{323}(A_{ct}-\bar{A}_{ct})^2/324} \end{cases} \quad (4-23)$$

4.3 仿真航迹测量数据生成

以航路理想模型作为基础，将该模型与对应的防空装备跟踪测量误差相叠加作为目标测量值，生成贴近实战的单机和机群的复杂航路轨迹，主要用于边界标准试验条件下装备射击精度考核与检验，基本思路如图 4-5 所示。

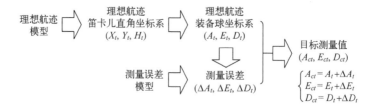

图 4-5　基于误差模型的航迹生成方法基本思路

4.3.1　理想航迹生成

飞机飞行的主要战术动作包括爬升、俯冲、盘旋和攻击等，这些战术动作由直线飞行、水平转弯和垂直转弯等基本飞行动作组合而成，可以根据运动学原理，生成理想航迹数据。

1. 直线飞行航迹模型

目标沿直线飞行航迹如图 4-6 所示，假设在初始时刻 t_0，飞机从点 $A(X(t_0),Y(t_0),H(t_0))$ 以初速度 v_1、加速度 a 直线运动到点 B。且航路与水平面 XOY 夹角为 α，航路在水平面投影与 X 轴正向夹角为 β_0（航向角），两点间距离为 d_{AB}。由 A 向 B 直线飞行的任一时刻 t，目标的位置坐标模型为

$$\begin{cases} v(t)=v(t_0)+a(t-t_0) \\ X(t)=X(t_0)+(v(t_0)(t-t_0)+a(t-t_0)^2)\cos\alpha\cos\beta_0/2 \\ Y(t)=Y(t_0)+(v(t_0)(t-t_0)+a(t-t_0)^2)\cos\alpha\sin\beta_0/2 \\ H(t)=H(t_0)+(v(t_0)(t-t_0)+a(t-t_0)^2/2)\sin\alpha \end{cases} \quad (4-24)$$

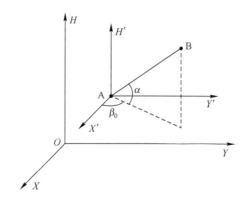

图 4-6　直线飞行示意图

模型参数：起点坐标 $A(X(t_0),Y(t_0),H(t_0))$、A 点航向角 β_0、距离 d_{AB}、初速度 v_1、俯仰角 α、加速度 a。若为匀速直线，则 $T_{AB}=d_{AB}/v_1$；若为匀加速直线，则 $T_{AB}=\left(\sqrt{v_1^2+2ad_{AB}}-v_1\right)/a$。

对于直线飞行（包括起点、终点），航向角为 β_0，俯仰角为 α，横滚角为 0。

2. 水平转弯航迹模型

水平转弯是指目标改变前进方向，整个过程经历匀速直线、水平方向匀速圆周、匀速直线三个阶段，其示意图如图 4-7 所示。匀速直线飞行，即为加速度为 0 的直线飞行，其飞行轨迹可利用式（4-24）求得，因此，水平转弯航迹模型主要完成水平方向匀速圆周航迹的解算。

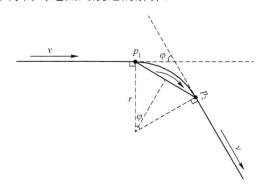

图 4-7 水平转弯示意图

目标在水平匀速圆周运动的起始时刻 t_0，位于点 $p_1(X(t_0),Y(t_0),H(t_0))$，其线速度大小为 v，航向角为 β_0。目标到达匀速圆周运动的终点 p_2 时，航向角变为 β_1，转弯半径为 r，转角为 φ，则 $\varphi=\beta_1-\beta_0$，运动所需时间 $T=|\varphi|r/v$，可求得点 p_1 与点 p_2 间的直线距离 $d_{p_1p_2}=2r\sin(|\varphi|/2)$。由 p_1 匀速圆周飞行到 p_2 的任一刻 t，转过的角度 $\Delta\varphi=(t-t_0)\varphi/T$，此时，目标的位置坐标模型为

$$\begin{cases} X(t)=X(t_0)+2r\sin(|\Delta\varphi|/2)\cos(\beta_0+|\Delta\varphi|/2) \\ Y(t)=Y(t_0)+2r\sin(|\Delta\varphi|/2)\sin(\beta_0+|\Delta\varphi|/2) \\ H(t)=H(t_0) \end{cases} \quad (4-25)$$

模型参数：起点坐标 $p_1(X(t_0),Y(t_0),H(t_0))$、线速度 v、起点航向角 β_0、终点航向角 β_1、转弯半径 r。

对于水平转弯，航向角为 β（计算得出），俯仰角为 0，横滚角以 $T/4$ 时间过渡，最大值为 $60°$；对于 p_1 点，航向角为 β_0、俯仰角为 0、横滚角为 0；对于 p_2 点，航向角为 β_1、俯仰角为 0、横滚角为 0。

3．垂直转弯航迹模型

垂直转弯是指目标改变飞行高度，整个过程经历匀速直线、垂直方向匀速圆周、匀速直线三个阶段，其示意图如图 4-8 所示。

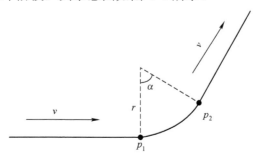

图 4-8　垂直转弯示意图

目标在垂直匀速圆周运动的起始时刻 t_0，位于点 $p_1(X(t_0),Y(t_0),H(t_0))$，其线速度大小为 v，航向角为 β_0，俯仰角为 0。目标到达匀速圆周运动的终点 p_2 时，俯仰角为 α、转弯半径为 r，则运动所需时间 $T=|\alpha|r/v$，可求得点 p_1 与点 p_2 间的直线距离 $d_{p_1p_2}=2r\sin(|\alpha|/2)$。由 p_1 匀速圆周飞行到 p_2 的任一刻 t，转过的角度 $\Delta\alpha=(t-t_0)\alpha/T$，此时，目标的位置坐标模型为

$$\begin{cases} X(t)=X(t_0)+2r\sin(|\Delta\alpha|/2)\cos(\Delta\alpha/2)\cos\beta_0 \\ Y(t)=Y(t_0)+2r\sin(|\Delta\alpha|/2)\cos(\Delta\alpha/2)\sin\beta_0 \\ H(t)=H(t_0)+2r\sin(|\Delta\alpha|/2)\sin(\Delta\alpha/2) \end{cases} \quad (4\text{-}26)$$

模型参数：起点坐标 $p_1(X(t_0),Y(t_0),H(t_0))$、线速度 v、起点航向角 β_0、终点俯仰角 α、转弯半径 r。

对于垂直转弯，航向角为 β_0，俯仰角计算得出，横滚角为 0；对于 p_1 点，航向角为 β_0、俯仰角为 0、横滚角为 0；对于 p_2 点，航向角为 β_0、俯仰角为 α、横滚角为 0。

4．水平变轨航迹模型

变轨是指飞机因为原航路没有对准目标而进行的调整动作，与转弯的区别在于：变轨前后航路的速度方向一致，相当于航路发生了平移，而转弯时，变

轨前后航路之间有一定夹角。变轨一般也是在水平方向进行。

水平方向的变轨可以看作由两次转弯动作组成,如图4-9所示。第一次转弯由 B 圆周运动到 C,第二次转弯由 D 圆周运动到 E,C 到 D 之间是匀速直线运动。最终变轨结果是速度 v_1 与 v_3 方向相同,大小相同。而圆周运动从 B 到 C 与从 D 到 E 的过程中,运动半径、线速度以及转角相同。

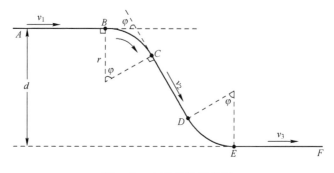

图 4-9　水平变轨示意图

所需参数为起点坐标 $B(X_B, Y_B, H_B)$、B 点航向角 β_0、C 点航向角 β_1、线速度 v、航路距离 d、转弯半径 r。所需时间为 $T_{BE} = \dfrac{2|\varphi|r}{v} + \dfrac{d - 2(r - r\cos\varphi)}{v\sin|\varphi|}$。点 B 与点 E 的航向角、俯仰角、横滚角相同,分别为 β_0、0、0。

5. 爬升航迹模型

爬升可以看作由两次垂直转弯动作组成,如图4-10所示。第一次转弯由 B 圆周运动到 C,第二次转弯由 D 圆周运动到 E,C 到 D 之间是匀速直线运动。最终变轨结果是速度 v_1 与 v_3 方向相同,大小相同。而圆周运动从 B 到 C 与从 D 到 E 的过程中,运动半径、线速度以及转角相同。

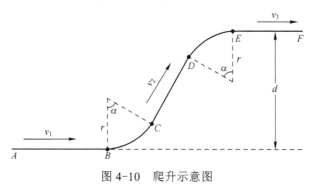

图 4-10　爬升示意图

所需参数为起点坐标 $B(X_B, Y_B, H_B)$、B 点航向角 β_0、速度 v、爬升角 α、航路距离 d、转弯半径 r。所需时间 $T_{BE} = \dfrac{2\alpha r}{v} + \dfrac{d - 2(r - r\cos\alpha)}{v\sin\alpha}$。点 B 与点 E 的航向角、俯仰角、横滚角相同，分别为 β_0、0、0。

6. 俯冲航迹模型

俯冲可以看作由两次垂直转弯动作组成，如图 4-11 所示。第一次转弯由 B 圆周运动到 C，第二次转弯由 D 圆周运动到 E，C 到 D 之间是匀速直线运动。最终变轨结果是速度 v_1 与 v_3 方向相同，大小相同。而圆周运动从 B 到 C 与从 D 到 E 的过程中，运动半径、线速度以及转角相同。

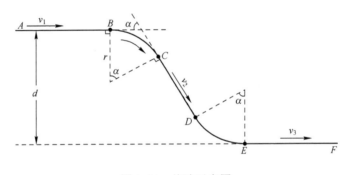

图 4-11　俯冲示意图

所需参数为起点坐标 $B(X_B, Y_B, H_B)$、B 点航向角 β_0、速度 v、俯冲角 α、航路距离 d、转弯半径 r。所需时间 $T_{BE} = \dfrac{2|\alpha|r}{v} + \dfrac{d - 2(r - r\cos\alpha)}{v\sin|\alpha|}$。点 B 与点 E 的航向角、俯仰角、横滚角相同，分别为 β_0、0、0。

7. 盘旋航迹模型

盘旋飞行根据盘旋轨迹的不同，可分为圆形盘旋和田径盘旋两种。

圆形盘旋可以看作转角为 360°的水平转弯，如图 4-12 所示。所需参数为直线起点坐标 $A(X_A, Y_A, H_A)$、线速度 v、A 点航向角 β_0、B 点航向角 $\beta_1(\beta_0 \pm \pi)$、转弯半径 r。所需时间为 $T = 2\pi r/v$。

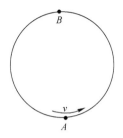

图 4-12　圆形盘旋示意图

田径盘旋可以看作由两次水平转弯、两次直线飞行组成，如图 4-13 所示。第一次直线飞行由 A 到 B，第一次转弯由 B 圆周运动到 C，第二次直线运动由 C 到 D，运动时间与 AB 段相同，第二次转弯由 D 圆周运动到 A，最终形成"田径"型闭合回路。而圆周运动从 B 到 C 与从 D 到 A 的过程中，圆周半径、线速度以及转角（180°）相同，处理过程和水平变轨类似。

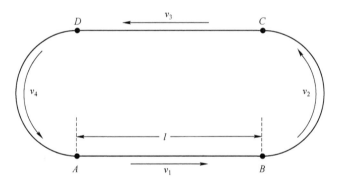

图 4-13　田径盘旋示意图

所需参数为直线起点坐标 $A(X_A, Y_A, H_A)$、A 点航向角 β_0、C 点航向角 $\beta_1(\beta_0 \pm \pi)$、点 A 和点 B 两点间距离 l、线速度 v、转弯半径为 r。所需时间为 $T = 2\pi r/v + 2l/v$。

8．大角度俯冲攻击航迹模型

大角度俯冲攻击是指俯冲角大于 30°（$\alpha_1 > 30°$，为简化参数取 60°）的俯冲，如图 4-14 所示，其特点是射弹散布小、命中率高。由 A 到 E 的过程和爬升动作类似，只不过有其特定的参数范围。俯冲前飞行高度约 300m，俯冲攻击的高度（E 点的高度）通常是 2000～4500m，进入俯冲的速度为 700～1100km/h，俯冲点（E）到目标的水平距离约 6～7km。F 到 J 看作 B 到 F 的逆过程，爬升高度、转弯半径等参数和 A 到 F 完全相同。

所需参数为起点坐标 $B(X_B,Y_B,H_B)$、B 点航向角 β_0、速度 v、转角 α、爬升距离 d、转弯半径 r。所需时间 $T_{BJ}=2(|2\alpha+\alpha_1|r/v+(d-2(r-r\cos\alpha))/v\sin|\alpha|)$。点 B 与点 J 的航向角、俯仰角、横滚角相同，分别为 β_0、0、0。

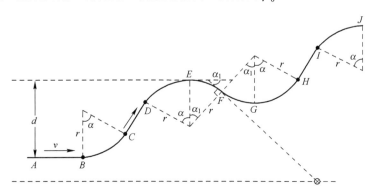

图 4-14　大角度俯冲攻击示意图

4.3.2　仿真测量航迹数据生成实例

仿真测量航迹数据由理想航迹数据与误差模型数据相加得到，但是，理想航迹模型使用的是笛卡儿直角坐标系，误差模型使用的是球坐标系，而雷达跟踪系统一般使用球坐标系，因此，在相加之前，需要将理想航迹坐标进行球坐标转换，转换公式如式（4-27）所示。

$$\begin{cases} A_t = \arctan((Y(t)-Y_0)/(X(t)-X_0)) \\ E_t = \arctan\left(\sqrt{(X(t)-X_0)^2+(Y(t)-Y_0)^2}\Big/(H(t)-H_0)\right) \\ D_t = \sqrt{(X(t)-X_0)^2+(Y(t)-Y_0)^2+(H(t)-H_0)^2} \end{cases} \quad (4\text{-}27)$$

其中，(X_0,Y_0,H_0) 为雷达天线中心在笛卡儿直角坐标系中的坐标。

目标测量航迹数据下式求出：

$$\begin{cases} A_{ct}=A_t+\Delta A_t \\ E_{ct}=E_t+\Delta E_t \\ D_{ct}=D_t+\Delta D_t \end{cases} \quad (4\text{-}28)$$

本节以飞机进行俯冲攻击为例，模拟生成雷达测量的目标航迹数据，即仿真航迹测量数据，该数据生成步骤如下：

（1）生成理想目标航迹。俯冲攻击的飞行过程可看作三次垂直转弯的组合，其飞行轨迹如图 4-15 所示，目标初始坐标位置为 (1000,−4000,2500)，飞行速度为 400m/s，转弯角度为 45°，转弯半径均为 400m；俯冲攻击时转弯角为 30°，转弯半径为 600m。

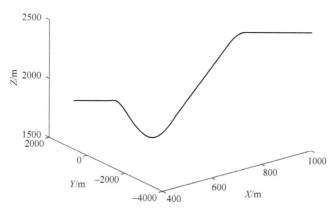

图 4-15　仿真生成理想航迹图

（2）将理想航迹数据作为飞行数据的真实值，代入式（4-19），求得理想航迹下雷达系统方位角测量误差数据，如图 4-16 所示。

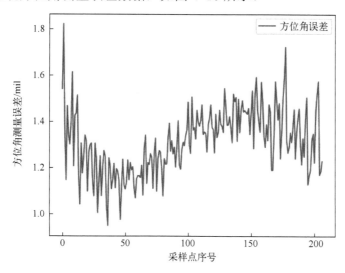

图 4-16　理想航迹下雷达系统方位角测量误差图

（3）将理想航迹数据作为飞行数据的真实值，代入式（4-20），求得理想航迹下雷达系统高低角测量误差数据，如图4-17所示。

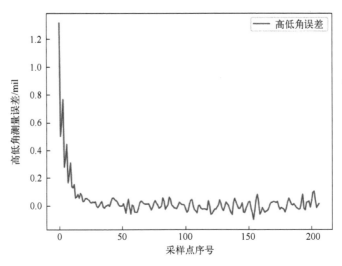

图4-17　理想航迹下雷达系统高低角测量误差图

（4）将理想航迹数据作为飞行数据的真实值，代入式（4-21），求得理想航迹下雷达系统斜距离测量误差数据，如图4-18所示。

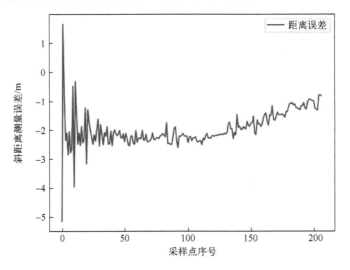

图4-18　理想航迹下雷达系统斜距离测量误差图

（5）根据式（4-28），将理想航迹数据与测量误差数据进行叠加，求得雷达系统对该飞行航迹的测量数据，如图4-19所示。

第4章 基于误差模型的航迹生成方法

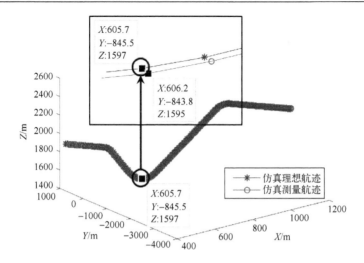

图 4-19 仿真测量航迹数据与理想航迹数据对比

第 5 章　数字试验环境中虚实靶场资源的融合方法

靶场数字环境一个基本特征是需要多种类型资源彼此协同来完成试验,主要涉及被试武器装备、靶场测试设备和仿真资源(如虚拟靶机、虚拟地形地物和实体三维模型)。这些资源部分是现实存在的"真实资源",部分是仿真出来的"虚拟资源",将它们统一到一个共同的靶场数字环境中并实现互联互操作,是虚实融合试验的一个核心问题。

5.1　数字试验环境中的虚实资源分析

5.1.1　虚实资源静态分析

数字试验环境具有与传统的物理靶场相同的试验要素,不同之处在于其试验要素由不同性质的资源构成。如表 5-1 所示,目标机是高炮武器系统试验中作为目标的飞机/靶机,在靶场数字试验环境中没有真实的飞机,其使用的是实测航迹数据(包括目标真值和目标测量值,其中真值数据是光学设备的输出,测量值是武器跟踪系统的输出)。飞机/靶机虚拟模型以可视化对象的形式展示实测航迹真值数据,目标机在数字试验环境中是仿真出来的虚拟资源。被试品是试验中待试的高炮武器系统,在靶场数字试验环境中使用真实的武器装备进行射击,在可视化环境中通过武器系统虚拟模型展示高炮武器系统的解算和射击过程。虚拟模型的行为由高炮武器系统的实际状态来驱动,被试品在数字试验环境中是采用物理设备的真实资源。被试品目标是高炮武器系统试验中武器系统使用的弹丸,由于在靶场数字试验环境中武器系统真实射击,其发射的弹丸也是真实存在的,当光测设备测量到弹丸后,以弹道数据的形式驱动可视化环境中的虚拟弹丸模型展示弹道运行过程,被试品目标在数字试验环境中是采用物理设备的真实资源。参试设备是高炮武器系统试验中测量脱靶量的脱靶量测量系统(一般为光学测量设备)。在靶场数字试验环境中光学测量设备是采用物理设备的真实资源,其核心作用是测量出真实弹丸的弹道数据,同时其在可视化环境中的虚拟模型由光学测量设备的实际状态来驱动。综上,靶场数字试验环境(含可视化环境)中存在虚实多种资源,这些资源在试验中的运行结果和状态相互作用,共同产生整个虚拟射击试验结果。

表 5-1 数字试验环境中的试验要素

试验要素	具体意义	资源性质	数字试验环境可视化对象
目标机	飞机/靶机	仿真资源/虚拟资源	飞机/靶机虚拟模型
被试品	武器系统	物理设备/真实资源	武器系统虚拟模型
被试品目标	弹丸	物理设备/真实资源	弹丸虚拟模型
参试设备	脱靶量测量系统	物理设备/真实资源	测量设备虚拟模型

5.1.2 虚实资源信息流动态分析

虚实资源的信息流包括两个方向:由虚入实,如虚拟资源飞机实测数据的目标测量值数据注入到实际武器装备的火控系统中;由实入虚,如真实光学设备测量出的弹丸坐标数据驱动可视化协同计算环境中的弹丸虚拟模型。具体来讲,如图 5-1 所示虚实资源交互的信息流主要有以下几项:

(1)实测目标测量值数据,该信息由实测飞机数据库按照抽样算法产生,注入高炮武器的火控系统中用于计算射击诸元。

(2)实测目标真值数据,该信息由实测飞机数据库按照抽样算法产生,一方面驱动可视化协同计算环境中的飞机虚拟模型,另一方面发送到光学测量设备用以引导其对弹丸进行测量。

(3)弹丸坐标数据,该信息由光学测量设备测量武器射出的弹丸输出,驱动可视化协同计算环境中的弹丸模型,与虚拟飞机模型协同计算弹目偏差。

(4)武器系统状态,该信息由实际高炮武器系统输出,主要包括火炮位置、火炮指向、射击事件等,传递到可视化协同计算环境中用于同步武器系统的虚拟模型。

（5）光测设备状态，该信息由实际光测设备系统输出，主要包括设备姿态等，传递到可视化协同计算环境中用于同步光测设备的虚拟模型。

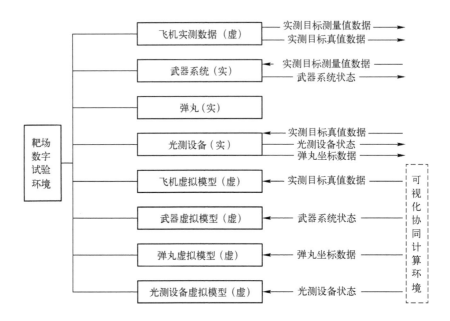

图 5-1　数字试验环境中虚实资源信息流

5.1.3　虚实靶场资源融合的关键问题

虚拟射击试验中，"真实资源"和"虚拟资源"需映射到统一的试验环境，二者结合共同完成试验过程，因此在虚实转换的关键点会产生交互融合问题。具体来讲，融合问题的原因在于"真实资源"和"虚拟资源"的物理载体不一致，交互的信息内容也各自不同，易产生接口关系、数据格式、信息理解等方面的不兼容。这些问题主要存在于数据理论处理和互联技术手段两个层面：数据理论处理的问题主要是如何利用两类资源的试验状态和结果，通过数据处理和计算实现试验目的，包括各种资源输出数据的空间一致性和时间一致性问题；互联技术手段的问题包括"真实资源"和"虚拟资源"之间的载体互联交互问题，包括航迹测量值数据以实装接口注入到高炮武器火控系统，以及真实资源与可视化环境中的虚拟模型的状态同步等。

5.2 虚实资源的空间配准问题

5.2.1 问题分析

构建基于 Virtools 环境下的虚实试验平台，试验系统内部各仿真节点需要交互大量的数据，而这些数据分别是在不同的坐标系下定义的，为达到虚实融合的目的，必须首先确保空间一致性，即空间配准问题。主要涉及三个坐标系：目标测量值坐标系、目标真值坐标系、Virtools（VT）中的世界坐标系。下面介绍三个坐标系的建立原则。

测量值坐标系：由一个线坐标和两个角度坐标构成的坐标系，其三个坐标量分别为斜距离 D、方位角 β 和高低角 ε，坐标原点为被试武器系统雷达的几何中心，记为 $O_c - X_c Y_c Z_c$，如图 5-2 所示。距离是指坐标原点与目标之间的空间斜距离。方位角 β 是指以坐标原点 O 为顶点，以基准方向 X_c（北）为始边，以距离矢量在基准平面内的投影为终边，由始边沿顺时针方向转至终边所形成的角度。高低角 ε 是指距离矢量与其在基准平面内的投影之间的夹角，向上为正。

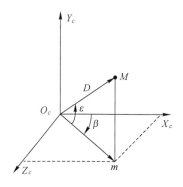

图 5-2 测量值坐标系示意图

真值坐标系：以靶场中某点为坐标原点的"北天东"直角坐标系，记为 $O_z - X_z Y_z Z_z$，其中 X_z 为北、Y_z 为天、Z_z 为东，如图 5-3 所示。

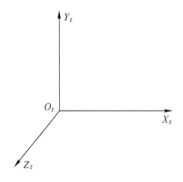

图 5-3　真值坐标系示意图

VT 坐标系：又称世界坐标系，按照左手法则定义，记为 $O_v - X_v Y_v Z_v$，如图 5-4 所示。其中 X_v、Y_v、Z_v 并无具体的方向定义（东西南北），需要根据实际需要完成对应。

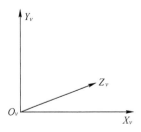

图 5-4　VT 世界坐标系示意图

5.2.2　多坐标系映射

由于 VT 世界坐标系和测量值坐标系、真值坐标系之间原点不重合且坐标轴也不平行，坐标轴之间的相对关系也不易确定，因此直接进行坐标系的转换非常困难，因此我们构造 VT"北天东"坐标系 $O - XYZ$，坐标系之间进行变换时，全部统一转换为 VT"北天东"坐标系下的坐标，以达到空间配准的目的。

VT"北天东"坐标系的建立原则如下：以 VT 世界坐标系的原点为原点，X（北）轴方向为 VT 世界坐标系的 Z_v 轴指向，Y（天）轴方向为 VT 世界坐标系的 Y_v 轴指向，Z（东）轴和 XOY 平面垂直，方向为 VT 世界坐标系的 X_v 轴指向，且符合右手定则。坐标系间变换关系主要是三种：球直变换、旋转和平移。同时，由于被试武器系统雷达和真值测量设备存在航向角、纵摇角、横滚角，应该先把载体坐标系转换为相应的水平坐标系，然后再转换为 VT"北天东"坐标系。根据所述进行空间配准，其示意图如图 5-5 所示。

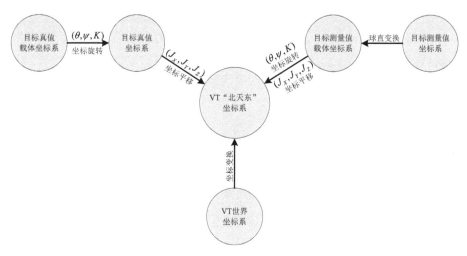

图 5-5 空间配准示意图

1．测量值坐标系的空间配准

对于目标测量值坐标系来讲，先经过球直变换，将目标测量值坐标系转换为目标测量值载体坐标系，变换公式为式（5-1）。

$$\begin{cases} X_{ct} = D\cos\varepsilon\cos\beta \\ Z_{ct} = D\cos\varepsilon\sin\beta \\ Y_{ct} = D\sin\varepsilon \end{cases} \quad (5\text{-}1)$$

然后经坐标旋转将目标测量值载体坐标系转换为测量值直角坐标系，变换公式为式（5-2）。

$$\begin{bmatrix} X_c \\ Z_c \\ Y_c \end{bmatrix} = \begin{bmatrix} \cos K & \sin K & 0 \\ -\sin K & \cos K & 0 \\ 0 & 0 & 1 \end{bmatrix} \begin{bmatrix} \cos\psi & 0 & \sin\psi \\ 0 & 1 & 0 \\ -\sin\psi & 0 & \cos\psi \end{bmatrix} \begin{bmatrix} 1 & 0 & 0 \\ 0 & \cos\theta & \sin\theta \\ 0 & -\sin\theta & \cos\theta \end{bmatrix} \begin{bmatrix} X_{ct} \\ Z_{ct} \\ Y_{ct} \end{bmatrix} \quad (5\text{-}2)$$

最后经坐标平移，转换为 VT"北天东"坐标系，设点 O_c 在 $O-XYZ$ 下坐标为 (J_X, J_Y, J_Z)，则平移公式为

$$\begin{cases} X = X_c + J_X \\ Y = Y_c + J_Y \\ Z = Z_c + J_Z \end{cases} \quad (5\text{-}3)$$

2. 真值坐标系的空间配准

对于真值坐标系来讲，先经过坐标旋转将真值载体坐标系转换为真值坐标系，转换过程与式（5-2）类似；然后经过坐标平移转换为 VT"北天东"坐标系，平移过程与式（5-3）类似。

3. VT 世界坐标系的空间配准

对于 VT 世界坐标系来讲，将 X_v 和 Z_v 互换即可得到 VT"北天东"坐标系，变换关系为

$$\begin{bmatrix} X \\ Y \\ Z \end{bmatrix} = \begin{bmatrix} 0 & 0 & 1 \\ 0 & 1 & 0 \\ 1 & 0 & 0 \end{bmatrix} \begin{bmatrix} X_v \\ Y_v \\ Z_v \end{bmatrix} \tag{5-4}$$

VT 坐标系的空间配准是在 VT 环境下用 BB 脚本实现的，具体脚本如图 5-6 所示。主要利用 Op 模块和 Set Compoment 模块实现坐标变换和 VT"北天东"坐标发布。

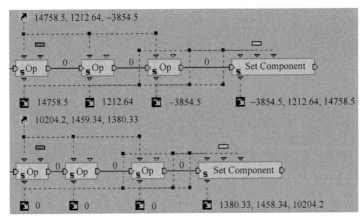

图 5-6　空间配准示意图

5.3　虚实资源的时间配准问题

5.3.1　问题分析

图 5-1 给出了数字试验环境中虚实资源信息流，涉及的虚实资源信息有 5

第5章　数字试验环境中虚实靶场资源的融合方法

种：目标真值数据、目标测量值数据、被试武器系统姿态信息、真值设备姿态信息和弹丸坐标数据。其中需要时间对准的虚实资源如表5-2所示，目标真值数据由测量靶机的光测设备产生；目标测量值数据由武器系统跟踪设备产生；被试武器系统姿态信息由武器系统姿态传感器产生；真值设备姿态信息由光学设备姿态传感器产生；弹丸坐标数据由光测设备产生。由于这些设备运行机制各自不同，产生数据的时间间隔也不一致，导致在同一时刻各个数据源没有精确的数据与之对应，虚实数据融合时容易有误差。

表5-2　需要时间对准的虚实资源

虚实资源	数据产生设备
目标真值数据	测量靶机的光测设备
目标测量值数据	武器系统跟踪设备
被试武器系统姿态信息	武器系统姿态传感器
真值设备姿态信息	光学设备姿态传感器
弹丸坐标数据	光测设备

下面以目标真值数据和目标测量值数据的时间配准为例进行问题分析，并给出基于插值的解决方法，其余数据源之间的时间对准问题也依据此方法处理。被试武器系统雷达和真值测量设备工作时，在时间上是不同步的，主要是因为扫描周期不同，完成空间配准后的真值、测量值数据如图5-7所示。

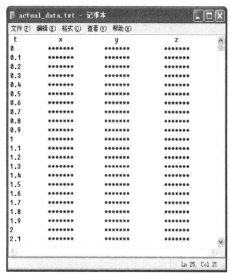

图5-7　空间配准后的目标真值、测量值数据（具体坐标数据以"*"代替，下同）

77

从图 5-7 可知，真值测量设备采样间隔固定为 100ms，被试武器系统雷达采样周期不固定，大部分为 80ms，其他采样间隔还有 120.2ms、80.1ms、80.2ms、80.3ms、79.1ms、40.1ms 等情况。因此真值测量设备和被试武器系统雷达有不同的采样率，且被试武器系统雷达扫描周期并不固定，因此在处理过程中，来自二者的观测数据（目标测量值和目标真值）通常不是在同一时刻得到的，存在观测数据的时间差。所以，在虚实融合之前必须将这些观测数据同步，也就是统一"时基"，以得到被试武器系统雷达和真值设备在同一时刻下针对同一目标的测量数据。

5.3.2 基于外推的时间配准

考虑利用扫描周期较长的目标真值时间作为公共处理时间，把目标测量值时间统一到目标真值时间上。值得注意的是，这里的时间配准问题和数据融合中的多传感器时间配准有显著差异。在多传感器时间配准中，通常将高精度的数据配准到低精度的数据上，精度的概念是针对扫描周期的长短界定的。在本书中虽然真值测量设备扫描周期大于被试武器系统雷达，但就测量精度而言，前者高于后者。更为重要的是，本书需要在虚拟空间中利用目标真值数据和弹丸坐标数据计算脱靶量，为确保脱靶量的计算精度，应将目标真值时间作为统一的"时基"。本书应用 3.3.1 节中的拉格朗日插值对目标测量值数据进行外推，拉格朗日插值原理不再赘述。基于拉格朗日插值外推的示意图如图 5-8 所示。

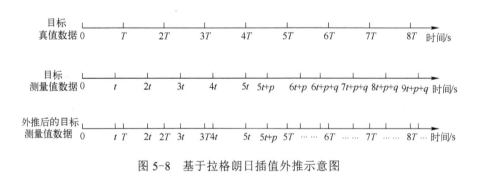

图 5-8 基于拉格朗日插值外推示意图

从图 5-8 可以看出，目标真值数据和目标测量值数据在时间上除少数时刻（如真值时刻 0、$4T$ 与测量值时刻 0、$5t$）配准外，大部分时刻均不配准，存在时间差，目标测量值数据时间间隔固定为 T，目标测量值数据时间间隔不固定如 t、p、q 等。本书利用的是三点（配准时刻前相邻的三个原始测量值数据点）拉格朗日插值外推，设拉格朗日插值函数为 lagrange()；设目标真值数据各时刻对应的数据分别为 actual_T0、actual_T、actual_2T、actual_3T、⋯；设目标测量值数据各时刻对应的数据为 measuring_t0、measuring_t、measuring_2t、measuring_3t、⋯；设外推后各时刻对应的目标测量值数据为 measuring_T0、measuring_T、measuring_2T、measuring_3T、⋯；则利用拉格朗日插值外推的基本过程为

（1）0 时刻的目标测量值数据与目标真值数据已经时间配准，那么目标测量值数据在时刻 0 处不需插值外推，即 measuring_T0=measuring_t0；

（2）在时刻 T 处，目标测量值数据和目标真值数据时间不配准，需要进行外推，且 T 时刻前只有两个原始目标测量值数据，则基于时刻 0、t 和对应的测量值数据 measuring_0、measuring_t 线性外推得到时刻 T 处的测量值数据，即 measuring_T=lagrange(0,t,measuring_0,measuring_t,T)；

（3）在时刻 $2T$ 处，目标测量值数据和目标真值数据时间不配准，需要进行外推，且 $2T$ 时刻已有 3 个原始目标测量值数据，则基于时刻 0、t、$2t$ 和对应的测量值数据 measuring_0、measuring_t、measuring_2t 外推得到时刻 $2T$ 处的测量值数据，即 measuring_2T=lagrange(0,t,2t,measuring_0,measuring_t,measuring_2t,2T)；

（4）同理，measuring_3T=lagrange(t,2t,3t,measuring_t,measuring_2t,measuring_3t,3T)；

（5）$4T$ 时刻的目标测量值数据与目标真值数据已经时间配准，那么目标测量值数据在时刻 $4T$ 处不需插值外推，即 measuring_4T=measuring_5t；

（6）根据以上基本原理，经外推可得到 $5T$、$6T$、$7T$、$8T$ 等时刻的目标测量值数据。

没有利用新配准时刻处的目标测量值数据进行下一配准时刻目标测量值外推的原因在于：新配准时刻处的测量值数据存在外推误差，如果利用此时刻处的测量值数据再进行外推将造成误差积累和误差增加，影响数据的精度。外推前后测量值坐标数据 x、y、z 局部对比示意图如图 5-9～图 5-11 所示。从测量值外推曲线和测量值曲线的对比可以看出，测量值外推曲线和测量值曲线的差异程度较小，能满足后续计算要求。

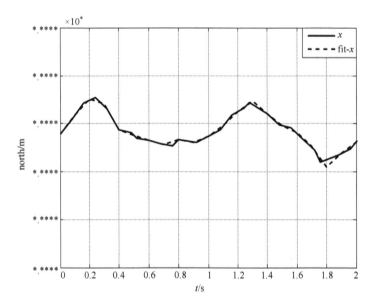

图 5-9 外推前后测量值坐标 x 对比示意图

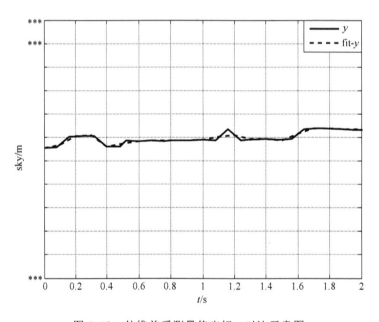

图 5-10 外推前后测量值坐标 y 对比示意图

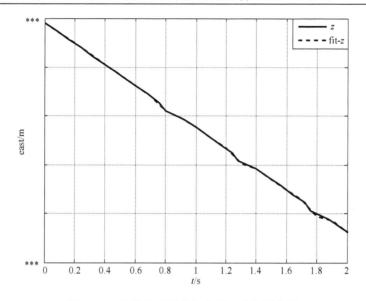

图 5-11　外推前后测量值坐标 z 对比示意图

5.4　航迹注入方法

5.4.1　航迹注入的目的与技术途径分析

航迹测量值数据是高炮武器系统在精度校飞试验中从跟踪系统采集的实测历史数据，其包含目标飞行波动、武器系统跟踪等多种误差源。在直接射击中将其注入被试系统的火控系统，目的是将被试系统对真实飞机的跟踪精度涵盖到虚拟航迹，被试系统根据接收到的虚拟航迹信息对目标进行射击，然后将被试武器系统实弹射击过程映射到虚拟空间，相当于被试武器系统在虚拟空间完成对真实飞机的对空射击试验任务。

航迹注入接口是被试武器与试验平行仿真系统之间进行数据交互的硬件接口设备，由于被试武器系统多种多样，其物理接口电气关系各异、数据传输协议也不同，因此需要根据实际情况设计软硬件形式的注入设备：

（1）被试系统具有目标测量值注入接口，并且其物理接口形式符合通用的计算机接口规范（如某火控系统接口为 CAN 总线、某雷达系统接口为 RS232）。这类装备属于新型的数字火控设备，预留了调试接口可以加以利用，只需按照其数据传输协议,编制对应的目标测量值注入软件即可完成航迹注入功能。

(2)被试系统具有目标测量值注入接口,但其物理接口是专用的电器型号(如某自行高炮武器系统接口为专用 IO 板)。对于该类装备除了需要编制对应的目标测量值注入模块以外,还需要根据实装接口设计对应的硬件注入接口设备。

(3)被试系统不具有目标测量值注入接口。该类装备一般属于较为陈旧的火控型号,在设计时未考虑信号调试需求,对于该类装备需要联系相关厂家,按虚拟数字试验要求进行设备改造工作。

5.4.2 基于 CAN 总线的航迹注入装置

1. 整体结构

如图 5-12 所示,航迹注入装置采用分布式结构,通过 CAN 总线和武器系统的火控计算机和其他子系统连接在一起,在系统时统信号的统一控制下进行信息交换,协调工作。航迹注入装置读取目标测量值的历史数据,接收时统信号,按照严格的时间间隔和装备总线交互协议与 CAN 总线上的火控计算机进行交互。

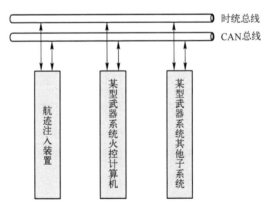

图 5-12 航迹注入装置整体结构

2. 内部组成与功能

如图 5-13 所示,航迹注入装置采用通用型加固计算机,主要由 CPU 板、时统控制板、CAN 总线板、电源板、底板、数据存储器、机箱、显示器、鼠标、键盘等组成,板与板之间、模块与模块之间具有相对的独立性,通过机内总线进行信息交换。其中增加时统控制板用于接收系统统一的时统信号,增加 CAN 总线板用 CAN 总线数据的接收与发送。

航迹注入装置的主要功能如下:

(1) 接收外部时统信号;
(2) 读取目标测量值历史数据;
(3) 通过 CAN 总线,按系统统一时统信号,发送目标测量值数据。

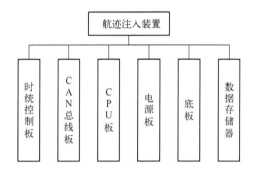

图 5-13 航迹注入装置内部组成

3. 工作过程

航迹注入装置通过 CAN 总线和时统总线与武器系统连接成一体。首先,由航迹注入装置读取在精度校飞试验中积累的目标测量值历史数据,按照数据格式中记录的时间间隔和系统时统信号,通过 CAN 总线为系统提供雷达数据。通信格式严格遵守实装的数据总线通信协议,在硬件接口和软件协议上与实装系统完全一致。其次,当航迹数据发送完毕后,系统停止发送并对相关模块进行服务,以便可以对下一组数据进行重新发送。

5.5 测量设备交互方法

在传统的对空直接射击试验中,测量设备主要用于脱靶量的判读与计算。在试验平行仿真系统中由于没有真实的靶机进行飞行,测量设备无法依据目标的光学特性进行跟踪。因此首先需要将目标的真值数据注入测量设备的中心站,用该数据来作为外部引导数据驱动测量设备跟踪虚拟目标;其次,测量设备需要将弹道数据传回试验平行仿真环境,用于完成被试武器系统实弹射击过程映射到虚拟空间,并计算出脱靶量;最后,每台测试设备在虚拟射击空间中均有对应的虚拟实体对应,需获取其姿态信息用于虚拟实体与实际设备的状态同步。

如表 5-3 所示,某型测试设备共提供多种硬件方式与外部系统进行信息交互,某型光电测量系统中心计算机接收到 T0 后向测控装备转发 T0 数据,引导数据、T0 数据、弹道数据共用信道、分时传送。

表 5-3 某型测试设备与外部系统接口方式

序号	接口	说明
1	RS-232	串行异步通信
2	RS-422	串行异步通信
3	HDLC	同步通信接口
4	PCI	并口通信
5	TCP/IP	千兆以太网络接口

第 6 章　试验平行仿真环境中脱靶量计算方法

脱靶量是装备性能考核的核心指标，试验平行仿真环境中脱靶量计算依据真实靶场试验中的脱靶量计算原理，同时在试验平行仿真用虚拟仿真靶机替代真实飞行靶机完成脱靶量计算。本章阐述了传统模式下的脱靶量计算方法，以及虚拟空间中脱靶量计算方法。

6.1　传统模式下的脱靶量计算方法

用光学设备（电影经纬仪、高速摄影测量仪或多目标弹道相机）测量高炮综合体脱靶量时，首先应根据光学设备的测试精度和高炮综合体的战术技术指标合理布站。在确保安全的前提下，一定要满足测试精度，便于跟踪且成像清晰。通过对目标和弹丸在底片上成像情况的分析，首先计算出目标的坐标真值，然后再计算出弹丸的坐标值。若采用直接射击法，此时即可求出弹丸距目标的脱靶量，若采用避开射击法，要把弹丸的坐标值进行避开角的转换，使之与目标一致时再进行脱靶量计算。

6.1.1　目标真值和弹丸坐标值的计算

目标坐标真值的计算方法同 GJB3856-1999 附录 A。弹丸坐标值的计算同目标坐标真值计算一样，必须首先对胶片进行判读，对各种误差进行修正。此外，还要对同一画幅上的多发弹进行弹序识别。多目标的弹序识别分为时序识别和空序识别两种，经过时序识别和空序识别后，算出各发弹的弹丸坐标。

6.1.2　时序识别

时序识别是在单站经纬仪拍照的胶片上找出每一发弹在不同画幅中的对应

关系。时序识别的方法如下：

（1）计算目标前两帧的方位角和高低角；

（2）计算目标前一帧的方位角和高低角；

（3）采用拉格郎日插值公式预估目标当前帧的方位角和高低角；

（4）计算目标当前核的主光轴方位角和高低角；

（5）预估目标当前帧的方位角和高低角跟踪误差；

（6）计算目标当前帧的预估位置 x 和 y；

通过上述算法，即可确定多目标在不同画幅中的时序关系。当一个画幅上目标的个数大于4且散度又很小时，把人工识别和事后识别法结合起来，即在判读每一个画幅上的目标时，利用预估法把目标应在画幅上的位置 x 和 y 以窗口形式显示出来，边判读边把时序识别出来。

6.1.3 空序识别

空序识别是在不同站经纬仪拍照的胶片上找出每一发弹在相同时刻的对应关系。

实现空序识别的基本原理是采用同一时域空间直线距离最佳匹配方法。其依据是，从理论上讲，如果两台经纬仪同时刻对同一目标拍照，其光心在空中交汇于一点（目标）上，也就是说，由两台经纬仪各自的空间坐标、方位角、高低角所构成的空间直线相交于目标。但由于存在测量误差，两直线可能并不真正相交，而是相差一段距离。当然这段距离不会超过测量误差。设误差为 δ，当两直线的距离大于 δ 时，说明在两站胶片上选中的不是同一目标。当两直线的距离小于 δ 时，却不能说明在两站胶片上选中的就是同一目标。为解决此问题，可采用三站交汇定位法或两站虚拟目标定位法。

空序识别的方法之一是三站交汇定位法，即利用三个站经纬仪所拍照目标形成的三条空间直线之间的距离最小来实现目标定位。

空序识别的方法之二是利用弹道在两个站经纬仪上的投影进行等时间间隔外推，构造一组虚拟目标，若用来构造该组虚拟目标的两点是同一目标在不同站经纬仪上的成像，则在虚拟目标上两直线的距离小于 δ，否则其距离大于 δ。由此实现了弹序的空序识别。

以上是用电影经纬仪或是高速摄影侧量仪侧量高炮综合体的情况。如用多目标弹道相机的话，可直接给出各发弹的坐标值，有了弹丸的坐标值，即可进行脱靶量计算。

6.1.4 脱靶量的计算

脱靶量示意图如图 6-1 所示。

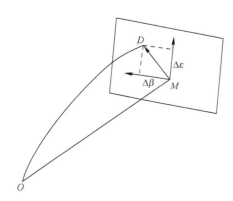

图 6-1 脱靶量示意图

$\Delta\beta$ —方位角偏差，mil；$\Delta\varepsilon$ —高低角偏差，mil；O —火炮；M —目标；D —弹丸或炸点。

根据目标的运动轨迹，求出其相对火炮的球坐标。

$$\begin{cases} R = (x^2 + y^2 + z^2)^{\frac{1}{2}} \\ A = \begin{cases} \arctan(z/x) & (x>0) \\ 180° + \arctan(z/x) & (x<0) \end{cases} \\ E = \arctan\left(y/\sqrt{x^2 + z^2}\right) \end{cases} \quad (6-1)$$

式中 x、y、z ——目标的空间直角坐标值，m；

R ——目标斜距离，m；

A ——目标方位角，mil；

E ——目标高低角，mil。

同理，根据弹丸的空间直角坐标值，求出弹丸相对火炮的球坐标，公式同式（6-1）。当摄影频率较高时，幅与幅之间目标的位置变化很小，弹丸的位置变化也不大，在能够保证精度时，可用两点间线性内插法求值（如对精度有影响时，可用最小二乘拟合法）。

设目标的距离为 t_0、$D(t_0)$、t_1、$D(t_1)$；设弹丸的距离为 t_0、$D_D(t_0)$、t_1、$D_D(t_1)$。因为弹丸的运动速度比目标快，所以上述两点满足如下关系：

$$D_D(t_0) \leqslant D(t_0); \quad D_D(t_1) \geqslant D(t_1)$$

按照二点构成距离—时间的线性关系：

$$\begin{cases} D(t) = D(t_0) + \dfrac{D(t_1) - D(t_0)}{t_1 - t_0}(t - t_0) \\ D_D(t) = D_D(t_0) + \dfrac{D_D(t_1) - D_D(t_0)}{t_1 - t_0}(t - t_0) \end{cases} \quad (6\text{-}2)$$

式中 $D(t_0)$、$D(t_1)$——目标在 t_0、t_1 时刻的斜距离，m；

$D_D(t_0)$、$D_D(t_1)$——弹丸在 t_0、t_1 时刻的斜距离，m。

令 $D(t) = D_D(t)$，求出 $t = t_\theta$：

$$t_\theta = t_0 - \frac{[D(t_0) - D_D(t_0)](t_1 - t_0)}{[D(t_1) - D(t_0)] - [D_D(t_1) - D_D(t_0)]} \quad (6\text{-}3)$$

式中：t_θ 为目标与弹丸的相遇时刻，s。

方位角和高低角的脱靶量为：

$$\begin{cases} \Delta\beta = [\beta_D(t_\theta) - \beta(t_\theta)]\cos(\varepsilon(t_\theta)) \\ \Delta\varepsilon = \varepsilon_D(t_\theta) - \varepsilon(t_\theta) \end{cases} \quad (6\text{-}4)$$

式中 $\beta(t_\theta)$、$\beta_D(t_\theta)$——目标和弹丸在 t_θ 的方位角，mil；

$\varepsilon(t_\theta)$、$\varepsilon_D(t_\theta)$——目标和弹丸在 t_θ 的高低角，mil；

$\Delta\beta$、$\Delta\varepsilon$——t_θ 时刻方位角、高低角的脱靶量，mil；

$\beta(t_\theta)$、$\beta_D(t_\theta)$、$\varepsilon(t_\theta)$、$\varepsilon_D(t_\theta)$ 可用式（6-2）插值算出。

当一组弹中各发弹的脱靶量都求出后，即可求出该组弹脱靶量的平均值和均方误差，求均方差时可用 σ_{n-1} 公式。

6.2 在虚拟空间中脱靶量计算方法

虚实混合试验中，用航迹数据代替了真实的飞机航次，负责拍摄同帧画幅的光学设备，根据航迹进行跟踪，不能拍摄到飞机，同帧画幅需在虚拟空间中完成。因此虚实混合试验中脱靶量解算的核心问题是如何将弹丸轨迹融合到虚拟空间中，以达到复现实际射击过程的目的。

6.2.1 脱靶量计算过程

在虚拟空间中,利用目标真值数据和弹丸坐标数据计算脱靶量的流程图如图 6-2 所示。具体步骤如下:

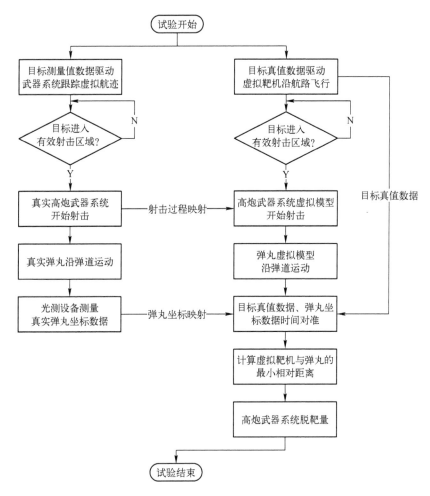

图 6-2 虚拟空间中脱靶量计算流程图

(1)试验开始后,在真实物理靶场中真实武器系统根据注入的目标测量值数据跟踪虚拟航迹;同时,在虚拟空间中虚拟靶机根据目标真值数据沿航路飞行。

（2）真实物理靶场和虚拟空间同时判断参试品目标是否进入目标射击区域。

（3）若进入射击区域，真实武器系统开始射击；通过射击过程映射，虚拟空间中武器系统虚拟模型同步开始射击。

（4）真实弹丸在真实物理靶场的飞行过程中，光测设备对其坐标进行测量；通过坐标映射，虚拟空间中弹丸的虚拟模型沿弹道飞行。

（5）通过弹丸坐标数据和目标真值数据的时间对准，在虚拟空间中实时计算弹丸与靶机虚拟模型的相对距离。

（6）相对距离的最小值即为武器系统脱靶量，试验结束。

6.2.2 脱靶量计算方法

定义1：实际武器系统射击事件 shootingevent_actual={0,1}，若实际武器系统射击，那么 shootingevent_actual 取 1，否则取 0。

定义2：真实弹丸的坐标数据 shell_data_actual，由四元组表示为 shell_data_actual=(ts,shell_data_actual_north,shell_data_actual_sky,shell_data_actual_east)，其中，ts 为真实弹丸坐标数据时间；shell_data_actual_north 为真实弹丸坐标数据 x（北）；shell_data_actual_sky 为真实弹丸坐标数据 y（天）；shell_data_actual_east 为真实弹丸坐标数据 z（东）。

定义3：目标真值数据 actual_coordinate，可表示为四元组，即 actual_coordinate=(ta,actual_coordinate_north,actual_coordinate_sky,actual_coordinate_east)，其中，ta 为目标真值数据时间；actual_coordinate_north 为目标真值数据 x（北）；actual_coordinate_sky 为目标真值数据 y（天）；actual_coordinate_east 为目标真值数据 z（东）。

定义4：弹丸坐标由实入虚的映射为 coordinate_reflection：

shell_data_actual→shell_data_virtual=coordinate_reflection(shell_data_actual)
其中，shell_data_virtual 为由实入虚后的弹丸虚拟模型坐标数据，可表示为 shell_data_virtual=(ts,shell_data_virtual_north,shell_data_virtual_sky,shell_data_virtual_east)，弹丸坐标由实入虚的映射相当于虚拟空间和真实物理靶场之间的互联通信系统。

定义5：弹丸模型坐标数据与目标真值数据的时间对准映射为 time_aligning：

shell_data_virtual→shell_coordinate=time_aligning(actual_coordinate,shell_data_virtual)

其中，shell_coordinate 为时间对准后的弹丸虚拟模型坐标数据，可表示为 shell_coordinate=(ta,shell_coordinate_north,shell_coordinate_sky,shell_coordinate_east)，ta 为对准后弹丸虚拟模型坐标数据时间（与真值时间一致），shell_coordinate_north、shell_coordinate_sky、shell_coordinate_east 分别为时间对准后的弹丸虚拟模型坐标数据的 x（北）、y（天）、z（东）。

定义6：相对距离计算 relative_distance_calculation。

根据以上定义和脱靶量计算过程，脱靶量计算方法描述如下。

脱靶量计算方法伪代码

```
Miss_distance_calculation(shootingevent_actual,shell_data_actual,actual_coordinate){
        Test_begin();
        Weapon_actual_tracking();
        Plane_virtual_flying();
        if(shootingevent_actual==1){
                weapon_virtual_firing();
                shell_data_virtual=coordinate_reflection(shell_data_actual);
                shell_coordinate=time_aligning(actual_coordinate,shell_data_virtual);
        }
        else{
                wait_shootingevent();
        }
        relative_distance= relative_distance_calculation(actual_coordinate,shell_coordinate);
        Miss_distance=minimum(relative_distance);
        return Miss_distance;
        Test_end();
}
```

第 7 章　TENA 靶场异构资源互联技术

虚实混合试验系统中包括虚拟靶机、被测武器装备、靶场参试设备以及靶场合成空间与信息处理系统等资源，在技术体制上具有典型异构特征，虚拟靶机、靶场合成空间与信息处理系统是仿真系统，被试武器装备采用实装链路，靶场参试设备则采用不同的总线协议。此外，这些资源分布于靶场的内场、外场等不同区域，具有异地分散的特征。因此，采用 TENA 中间件技术来完成靶场异构资源的互联。本章阐述了 TENA 中间件的基本原理，靶场异构资源的互联方法，以及原型系统的构建与运行过程。

7.1　TENA 简介

Test and Training Enabling Architecture (TENA)的设计目的是为测试和训练靶场及其用户提供互操作性。TENA 是基础建设 2010（FI2010）项目的产品，最早出现于 1997 年的 TENA 基线报告（TENA-1997）中，是美军为了克服靶场"烟囱式"设计所带来的弊端而设计开发的。TENA 将各种地理上分布的、功能上分离的试验训练资源组合起来，形成一个综合环境，以逼真、经济、高效的方式完成网络中心战所要求的联合试验与训练任务，促进靶场设备的集成测试和基于仿真的采办（SBA），并以此支持 Joint Vision 2020 项目的开发。TENA 定义了逻辑靶场概念，并通过这一概念集成了测试、训练、仿真和高性能计算机技术，利用通用体系结构实现地理上分布式设备的互联。

经过多年发展，TENA 已逐步走向完善和成熟，且已被美军广泛应用于基于现实靶场的联合试验和训练。TENA 中间件是高性能、实时、低延迟的通信基础设施，用于靶场资源应用和工具。通过 TENA 对象模型，所有的 TENA 应用与 TENA 中间件相连。TENA 中间件支持 TENA 元模型，提供一套统一的

APIs，用于支持 TENA 应用间传递的数据模型，如状态分布对象（SDO）和消息等。

7.2 TENA 互联基本方法

7.2.1 逻辑靶场的概念与结构

1. 逻辑靶场的概念

"逻辑靶场"（Logical Range，LR）是指没有地理界限、跨靶场与设施的试验训练资源的集合体。这些可用于构建逼真试验训练环境、完成试验训练任务的真实与虚拟的资源，包括空域、海域，实际的部队，武器和平台，以及模拟器、仪器仪表、模型与仿真、软件与数据等。它们通常分布在不同的试验训练靶场、设施或试验室中，一旦试验训练任务需要，就可以按要求快速配置、构建成特定的试验训练系统，使真实的武器系统和兵力之间、真实的武器系统与仿真的武器和兵力之间进行交互，而不管各种资源位于何方。

这种根据具体试验训练需求，通过各类资源的灵活组合和互操作，将真实、虚拟或构造的试验资源"无缝"集成起来，建立特定的试验训练系统、以完成联合试验训练的思想，就是建设"逻辑靶场"的初衷。相对于传统的单个野外靶场而言，逻辑靶场本身不是固定的，可根据具体的试验训练需要，由分布在不同位置的靶场组合而成，通过共享不同靶场的试验资源，达到联合试验训练的目的。这里的试验资源也包括计算机建模与仿真设施、系统集成试验室、"硬件在回路"试验设施等各种试验和测量设施中的仿真资源，这样就可将真实世界融入仿真世界，或者说通过仿真世界来扩展真实世界，从而在虚拟空间中实现在真实世界中无法进行的试验和训练。

2. 逻辑靶场应用组成结构

如图 7-1 所示，TENA 有 5 类基本软件：

（1）TENA 应用（靶场资源应用和 TENA 工具）——靶场资源应用是靶场仪器仪表或处理系统，与 TENA 兼容，是逻辑靶场的核心。TENA 工具是可重用的 TENA 应用，在整个靶场事件周期有利于对逻辑靶场的管理，且这些工具

（2）非 TENA 应用——靶场仪器仪表/处理系统、被测系统、仿真和 C^4ISR 系统与 TENA 不一致，但是逻辑靶场中必需的。

（3）TENA 公共基础设施——是实现 TENA 目标和驱动需求的软件子系统。包括 TENA 仓库，用来存储应用、对象模型和逻辑靶场间的其他信息；TENA 中间件，用于实施信息的交互；逻辑靶场数据档案，用于存储场景数据、一次事件中收集的数据和概要信息。

（4）TENA 对象模型——用于靶场资源和工具间通信的公共语言。这些对象用于逻辑靶场中，称为"逻辑靶场对象模型"，可以包括 TENA 标准对象定义和非标准定义。

（5）TENA Utility——专门设计用来解决关于逻辑靶场中新概念的使用和管理问题的应用。

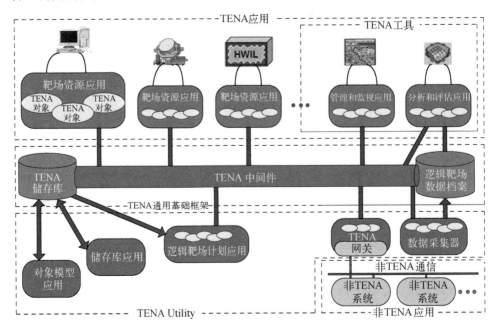

图 7-1　TENA 应用基本体系结构

TENA 体系结构最重要的是 TENA 中间件。TENA 中间件结合了分布式共享内存的编程抽象、匿名公布订购和模型驱动的分布式面向对象的编程，成为了一个中间件系统。因此，TENA 中间件将模型驱动、高级编程抽象的代码生成软件和编译时而不是运行时检测编程错误编织在一起。从用户角度来看，

TENA 是点对点的体系结构,既可以是客户端(信息的消费者)也可以是服务器(消息产生者)。作为服务器,应用提供的 TENA 对象叫做"服务者";作为客户,应用订购后得到服务者的"代理",每一个代理代表一个特定的服务者。

3. 逻辑靶场的功能分解

TENA 通过考察靶场运行中使用的大量各种系统,从功能上将这些系统分为六大类,它们准确表示了当今靶场界使用的各种系统的类型,从而确定了 TENA 逻辑靶场必须支持的系统。这六种类型系统构成的逻辑靶场如图 7-2 所示。

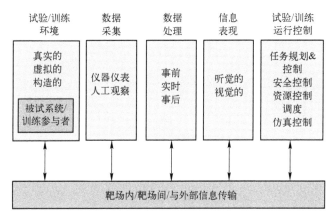

图 7-2 逻辑靶场系统功能分解

7.2.2 异构资源互联基本结构与过程

在基于网络的靶场异构资源互联系统运作过程中,TENA 中间件作为异构资源互联支撑环境的核心部件,为基于网络进行互联的靶场异构资源等主要资源和应用搭建通信平台,实现其基于网络的正常交互。基于 TENA 的靶场异构资源互联交互结构如图 7-3 所示。

在基于网络的靶场异构资源互联系统中,是通过应用程序的交互完成资源之间的交互。通常所说的"应用"一般指的是运行在单独主机上的单独的可执行的应用。应用可以划分成行为相对独立的子应用单元。这些子应用单元被看作"资源",因此应用可以由一个或多个资源组成。每个资源独立地完成公布和订购消息的功能。可以看出,大多数应用程序(至少在初始状态下）由单个资源组成，但是 TENA 中间件赋予应用的可扩展性使其可以容纳更多的资源。

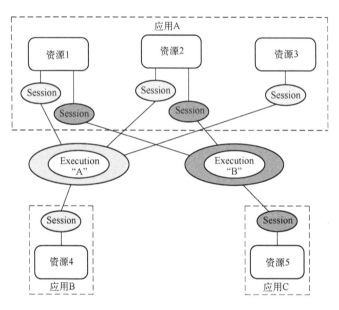

图 7-3 异构资源互联交互结构

具有多资源的应用有助于执行和应用设计者创建更灵活和可扩展的系统。复杂的应用具有截然不同的部分（Segment，段、节），这些部分可以由不同的人甚至是不同的公司开发执行。每一部分可能关心如何独立地从其他部分的行为中公布和订购信息。例如，应用的一部分可以展示一定用户指定的关于 TENA 对象的信息，同时另一部分可能关心日志文件的操作。这两部分都存在于同一应用的同一进程中。每个应用具有进行多重"会话 Session"的能力，都具有独立公布和订购的信息，允许各部分编码独立，这些子应用加入会话后称为资源，以便独立运行。每种资源可以依次与一个或更多的执行进行交互。例如，一个资源桥接两个不同的对象模型，需要为第一个执行创建一个会话，为第二个执行创建另一个会话。会话和执行的关系如图 7-3 所示。应用 A 是一个复杂的、具有多重资源、多个执行的应用，与应用 B 和 C 通过不同的执行进行交互。应用 A 的其他资源也通过图中的两个执行进行交互。

靶场异构资源应用在分布式系统中的具体交互过程如图 7-4 所示。当异构资源应用加入某一执行时，将先创建描述该执行的指针对象，并利用其内部机制创建应用与执行的连接；当应用退出执行时，执行指针将被删除。

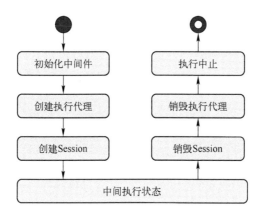

图 7-4　异构资源互联交互过程

7.2.3　TENA 分布交互服务

TENA 中间件的作用在于满足分布式靶场异构资源间的信息交互，即实装互联支撑环境中所有运行时资源应用间的通信。为此，TENA 中间件提供了执行管理服务、SDO 公布/订购服务、Message 公布/订购服务和回调服务四种分布交互服务，以提供对异构资源信息基于网络进行交互的支持。

1．执行管理服务

执行管理服务（Execution Management Services，EM Services）的主要功能是维护"执行（Execution）"的唯一标识信息和设置，完成 Execution 创建、销毁，"应用（Application）"的加入、注册、退出，以及中间件初始化等工作，但执行管理服务不直接参与资源应用间的数据交互过程，如图 7-5 所示。

图 7-5 中：

DCT::Utils 命名空间——包含一些列解析命令行或文件的函数；

TENA::Middleware::Configuration——包含配置信息；

TENA::Middleware::RunTime——为特定进程授权使用 TENA 在通用通信机制下进行通信；

TENA::Middleware::Execution——包含执行的相关信息；

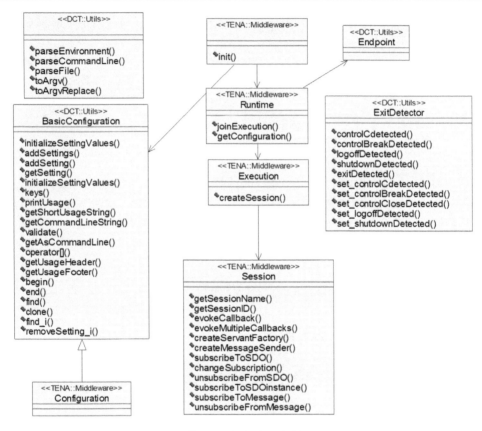

图 7-5 执行管理类图

TENA::Middleware::Session——描述执行参与者的公布订购状态；

DCT::Utils::EndPoint——包含终端的地址、端口、通信协议；

DCT::Utils::ExitDetector——检测是否要退出。

TENA 应用程序加入执行管理序列图如图 7-6 所示。先创建配置类 TENA::Middleware::Configuration 对象，添加配置项；然后解析命令行参数设置 Configuration 对象；配置好之后，使用 TENA::Middleware::init()函数初始化 TENA 中间件，生成 TENA::Middleware::RunTime 对象，然后调用 TENA::Middleware::RunTime::joinExecution()函数加入 EM。加入 EM 成功后会创建 TENA::Middleware::Execution 对象。之后调用 TENA::Middleware::Execution::createSession()函数生成 TENA::Middleware::Session 对象。最后调用 DCT::Utils::ManagedPtr<>.reset()函数，断开与 EM 的连接，释放各自的内存。

第 7 章　TENA 靶场异构资源互联技术

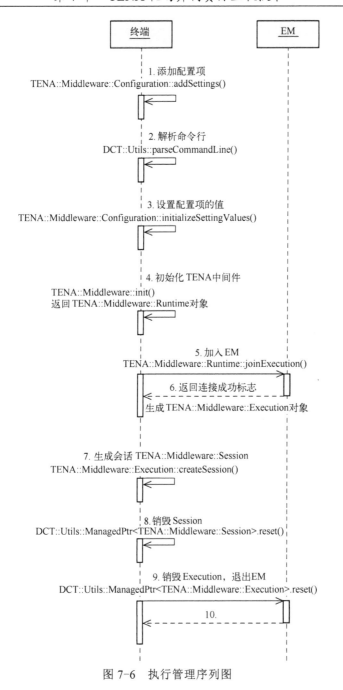

图 7-6　执行管理序列图

2．SDO 公布/订购服务

SDO 公布服务（SDO Publication Services）用于向其他终端公布 SDO 的最新公布状态值，并且提供远程方法的实现。SDO 是 TENA 应用共享信息和服务的基本构造模型。SDO 可包含公布状态和远程方法。SDO Servant（服务方）应用负责为 SDO 实例提供远程方法的实现代码和更新公布状态值。对于分布式执行，一个应用所创建的 SDO Servant 可以被参与执行的其他应用所发现。发现 SDO 实例的应用可调用对象中的方法来执行特定服务。当 SDO 被发现后，发现方应用将获得 SDO Proxy（代理）。Proxy 用于描述特定的 SDO 实例，并提供被 SDO 对象所支持的远程方法，同时 Proxy 包含了所获得的 Servant 最新的公布状态值，而公布状态的更新由创建 SDO 实例的应用负责。SDO 公布类及其调用关系如图 7-7 所示。

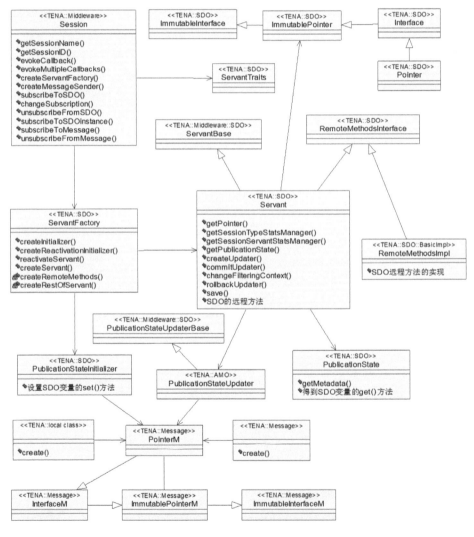

图 7-7　SDO 公布类图

SDO 订购服务（SDO Subscription Services）用于发现其他应用创建和服务的对象，并利用 Callback 获取对象发现、修改、销毁等通知。作为对订购过程的响应，在发现对象之后，TENA 中间件为客户端应用提供了一个相对于 Servant 对象的 Proxy，Proxy 可用于远程调用 Servant 的方法，或读取 Servant 所公布的最新公布状态值。SDO 订购类及其调用关系如图 7-8 所示。

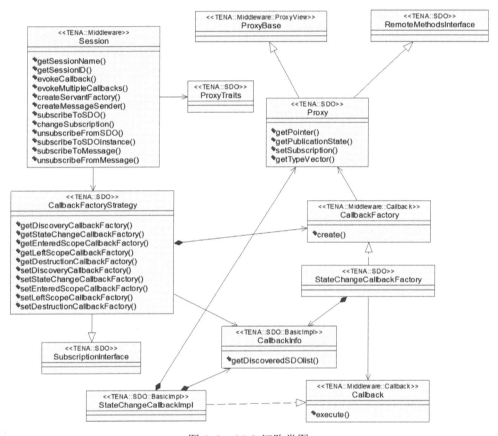

图 7-8　SDO 订购类图

SDO 公布/订购服务的具体交互过程如图 7-9 所示。首先公布方和订购方应用加入执行并建立会话，订购方应用创建 Callbackinfo 类和 CallbackFactoryStrategy 类并创建 Callback 对象，订购方通过 subscribeToSDO() 函数发现、匹配所要订购的 SDO 对象，并直接建立与 SDO 公布方的连接。当 SDO 公布方与订购方建立连接后，订购方通过调用 evokeMultipleCallback() 函数对消息队列进行处理，待处理完毕后，订购方断开公布方的连接，销毁会话、退出执行。

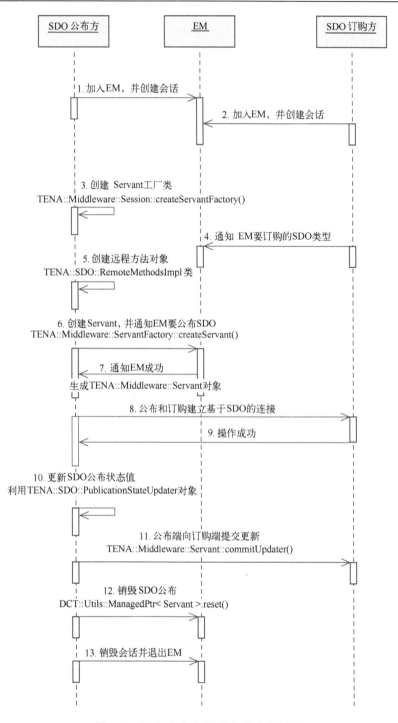

图 7-9 SDO 公布/订购服务的交互过程

3. Message 公布/订购服务

在 TENA 体系结构中，除了支持 SDO 在应用间的共享以外，同时也支持消息（Message）在应用间的交互。在执行中 SDO 的公布状态值可能改变，但 Message 是瞬时的，且 Message 中的属性是固定不变的。

与 SDO 类似，Message 在应用间的传输同样遵循公布-订购（Publish-Subscribe）机制，执行中的应用可以公布或订购在对象模型中已经定义的消息对象。同时，TENA 体系结构中 Message 的实现也支持本地类（Local Class）概念。Local Class 允许用户定义方法（函数），这些方法与消息实例相关联，当发生调用请求时在本地执行。Message 公布类及其调用关系如图 7-10 所示。

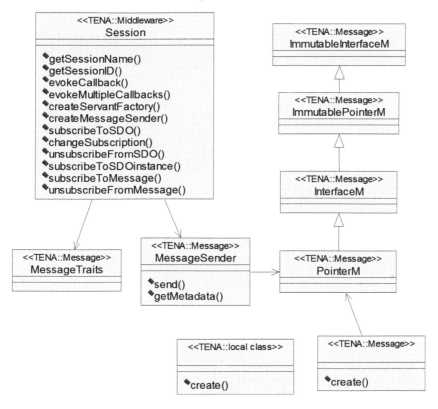

图 7-10 Message 公布类图

与 Message 公布服务相对应，TENA 中间件也相应地提供 Message 订购服务（Message Subscription Services）用于发现其他应用创建和所服务的消息对象。Message 订购类及其调用关系如图 7-11 所示。

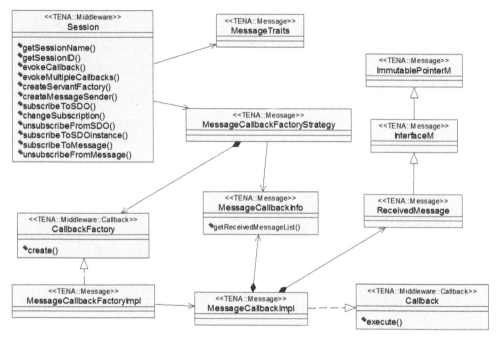

图 7-11　Message 订购类图

Message 公布/订购服务的交互过程如图 7-12 所示。

Message 公布服务的交互过程与 SDO 公布服务类似。Message 公布方应用首先加入执行，并创建会话；然后通过 Session 对象调用模板函数 createMessageSender 来创建 MessageSender 对象。同时，通知 EM 消息公布方所要公布的 Message 对象，经过 EM 匹配，如果有订购此 Message 对象的订购方，则 EM 会通知双方建立连接，进而完成订购过程，待订购过程执行完毕后，而订购方通过调用 evokeMultipleallback()函数对接收到的消息队列进行处理，销毁会话、退出执行，断开公布方与订购方的连接，退出执行。

4．回调服务

中间件系统在用户应用和中间件之间通常采用双向的方法/功能调用，这样就需要一种控制机制来协调这些调用过程。这一控制机制的目的在于处理中间件系统中可能出现的多线程编码和并发事件，并可利用该控制机制对多线程并发模型进行指导，也可以通过扩展来支持其他控制策略。

第7章 TENA 靶场异构资源互联技术

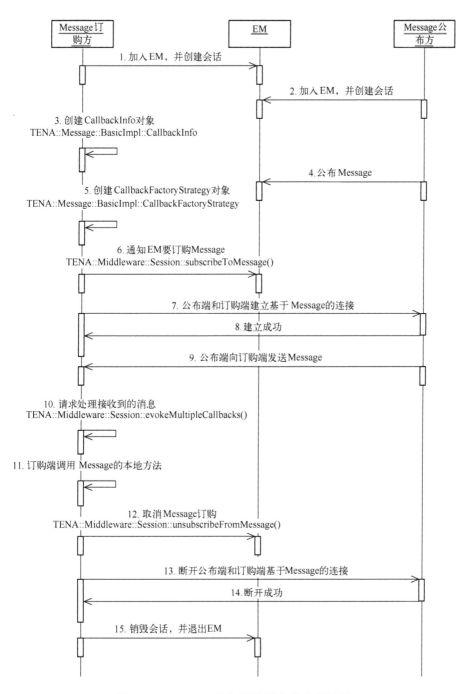

图 7-12 Message 公布/订购服务的交互过程

TENA 中间件系统通过统一的 Callback 接口为执行提供灵活的控制机制，即回调服务（Callback Services）。当中间件需要生成调用，且该调用需要被用户掌握时，Callback 对象将被创建并置于队列中。用户可为中间件提供一个或多个控制线程用于执行这些 Callback 对象。这些接口可以支持不同的应用线程模型（单线程、多线程）和不同的并发模型。

TENA 中间件支持多个类型的回调对象。目前主要有以下四种回调类型：

（1）SDO Discovery——提供发现 SDO 的通知；

（2）SDO State Change——提供 SDO 公布状态改变的通知；

（3）SDO Destruction——提供 SDO 销毁的通知；

（4）Message Receipt——提供接收到消息的通知。

所有回调服务都遵循工厂模式，包含一个具有 create() 函数的工厂类和一个实现 execute() 函数的回调类。用户应用首先注册一个工厂类，当有调用请求时中间件调用 create() 函数，返回（即创建）一个回调对象并由中间件将此对象放入队列中，直到回调处理完毕。图 7-13 是一个简单的回调结构的 UML 类图。

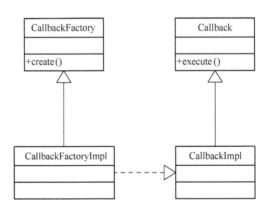

图 7-13　回调类的结构

回调服务的核心是，TENA 中间件提供了 Callback "召唤"方法的集合。这些方法通知中间件：Callback 可以被执行，并引发用户应用定义代码的操作。TENA 中间件共提供了 3 种 Callback 召唤服务，这些服务存在于 Session 类中，并通过如下的 3 个回调处理函数实现 Callback 服务：

(1）evokeCallback()函数。每次执行中间件将调用一次回调，并且如果队列中不存在回调则立即返回，返回值是队列中剩余回调的个数。

（2）evokeCallback（maxWaitInMicrosecond）函数。与第一个函数一样只执行一次调用，如果队列中没有待处理的回调则等待 maxWaitInMicrosecond（ms）的一段时间但不能保证函数执行在指定的时间返回。

（3）evokeMultipleCallbacks（maxWaitInMicrosecond）函数。该函数是 Callback 服务中最常用的回调处理函数。该函数允许中间件在一定时间内顺序执行多个回调。如果等待时间≥maxWaitInMicroseconds（ms）则返回，返回值是队列中剩余回调的个数。

前两类函数一次只能处理一个回调，而第三类函数使用户应用可以为中间件提供一定的等待时间，超出则返回，防止额外的内存占用和回调处理时延的产生。

7.3 基于 TENA 的靶场异构资源互联

7.3.1 靶场异构资源交互结构

虚实结合试验系统为试验过程提供系统控制、数据与进程调度、虚实协同控制、虚实融合展示等功能，其虚实资源互联交互结构如图 7-14 所示，具体包括 5 类子系统：

1. 系统管理子系统

主要功能包括：TENA 互联环境的建立与维护；设置、下达初始化配置；控制试验进程、导调信息发送等。

2. 虚实融合子系统

主要功能包括：试验平行仿真环境构建；靶机飞行展示；虚拟武器系统展示；虚拟测试设备展示；脱靶量计算等。

3. 航迹产生子系统

主要功能包括：测量值产生算法的确定；目标测量值产生；目标真值

产生等。

4. 武器装备系统

主要功能包括：协同真实被测武器装备与虚拟靶场环境；目标测量值注入被测武器系统；被测武器系统的姿态信息采集与传输等。

5. 光测设备系统

主要功能包括：协同真实测量设备系统与虚拟靶场环境；测量设备系统的姿态信息采集与传输；弹丸轨迹测量值的采集与传输等。

系统管理子系统、虚实融合子系统、航迹产生子系统直接通过 TENA 通信中间件进行交互，而武器装备系统、光测设备系统通信使用各自的专用总线，需要经过接口转换后与 TENA 中间件上的各系统进行交互。

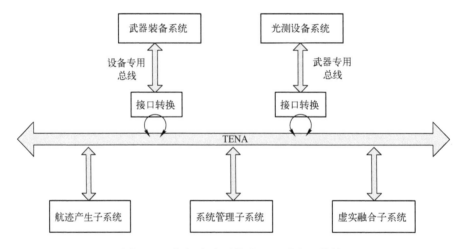

图 7-14 靶场虚实异构资源互联交互结构

7.3.2 虚实资源交互信息流分析

1. 系统管理子系统

系统管理子系统对外交互信息主要包括试验进程信息和试验初始化信息，其交互关系如图 7-15 所示，具体交互内容如表 7-1 所示。

第7章　TENA靶场异构资源互联技术

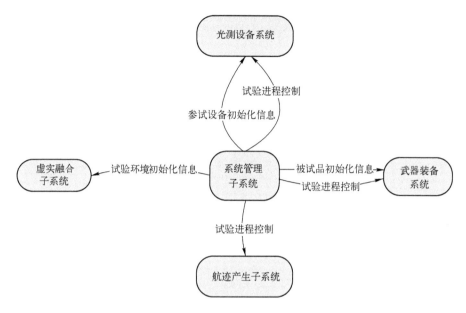

图7-15　系统管理子系统对外信息交互图

表7-1　系统管理子系统对外交互信息列表

虚实资源	信息内容		方向	虚实资源
系统管理子系统	试验初始化信息	被试品初始化信息	→	武器装备系统
		参试设备初始化信息	→	光测设备系统
		试验环境初始化信息	→	虚实融合子系统
	试验进程控制	试验开始	→	虚实融合子系统 航迹产生子系统
		试验停止	→	武器装备系统 光测设备系统

2. 虚实融合子系统

虚实融合子系统对外交互信息主要包括各种靶场异构资源的状态信息，其交互关系如图7-16所示，具体交互内容如表7-2所示。

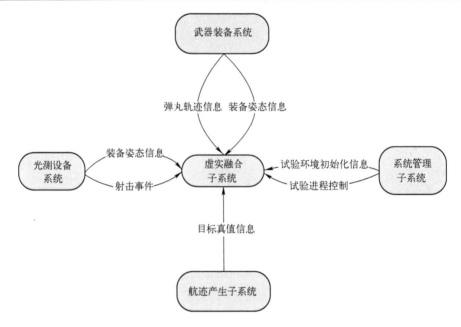

图 7-16　虚实融合子系统对外信息交互图

表 7-2　虚实融合子系统对外交互信息列表

虚实资源	信息内容		方向	虚实资源
虚实融合子系统	试验进程控制	试验开始	←	系统管理子系统
		试验停止	←	系统管理子系统
	试验初始化信息	试验环境初始化信息	←	系统管理子系统
	装备姿态信息	武器系统姿态	←	武器装备系统
		测试设备姿态	←	光测设备系统
	射击事件	高炮开火	←	武器装备系统
	弹丸轨迹信息	胶片/图像/坐标	←	光测设备系统
	目标真值信息	X、Y、Z、时刻	←	航迹产生子系统

3. 航迹产生子系统

航迹产生子系统对外交互信息主要包括目标测量值和目标真值信息，其交互关系如图 7-17 所示，具体交互内容如表 7-3 所示。

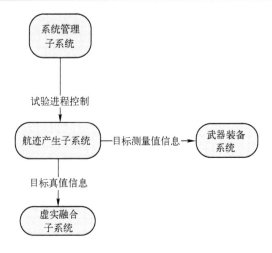

图 7-17　航迹产生子系统对外信息交互图

表 7-3　航迹产生子系统对外交互信息列表

虚实资源	信息内容		方向	虚实资源
航迹产生子系统	试验进程控制	试验开始	←	系统管理子系统
		试验停止	←	
	目标测量值信息	斜距离、方位角、高低角、时刻	→	武器装备系统
	目标真值信息	X、Y、Z、时刻	→	虚实融合子系统

4．武器装备系统

武器装备系统对外交互信息主要包括装备姿态信息和射击事件等信息，其交互关系如图 7-18 所示，具体交互内容如表 7-4 所示。

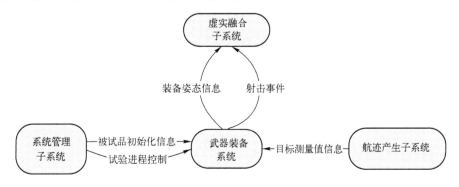

图 7-18　武器装备系统对外信息交互图

表 7-4 武器装备系统对外交互信息列表

虚实资源	信息内容		方向	虚实资源
武器装备系统	试验进程控制	试验开始	←	系统管理子系统
		试验停止	←	
	试验初始化信息	试验环境初始化信息	←	
	目标测量值信息	斜距离、方位角、高低角、时刻	←	航迹产生子系统
	装备姿态信息	武器系统姿态	→	虚实融合子系统
	射击事件	高炮开火	→	

5. 光测设备系统

光测设备系统对外交互信息主要包括设备姿态信息和弹丸轨迹等信息,其交互关系如图 7-19 所示,具体交互内容如表 7-5 所示。

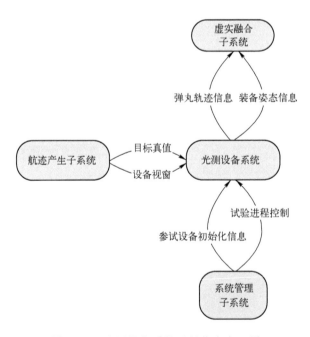

图 7-19 光测设备系统对外信息交互图

表 7-5 光测设备系统对外交互信息列表

虚实资源	信息内容		方向	虚实资源
光测设备系统	试验进程控制	试验开始	←	系统管理子系统
		试验停止	←	
	试验初始化信息	参试设备初始化信息	←	
	装备姿态信息	测试设备姿态	→	虚实融合子系统
	弹丸轨迹信息	胶片/图像/坐标	→	

7.4 原型系统构建

7.4.1 原型系统节点分布与互联关系

按照"虚实结合"的平行试验思想，需要将被试武器系统和弹丸测量设备通过实装链路分别接入被试武器系统接口节点和测量设备接口节点，以实现虚实资源互联、互操作，平行试验思想下的节点分布示意图如图 7-20 所示。但限于没有实装和实际物理靶场支撑等试验条件限制，用两个仿真节点代替被试武器系统节点和测量设备节点，原型系统节点分布示意图如图 7-21 所示。

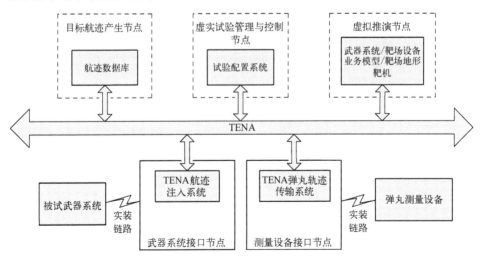

图 7-20 平行试验思想下的节点分布示意图

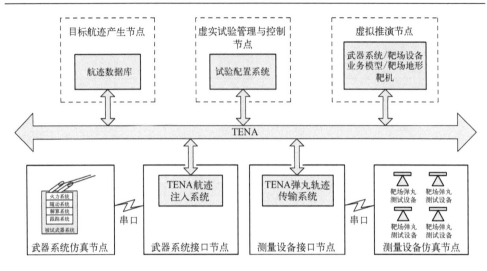

图 7-21 原型系统节点分布示意图

原型系统为虚实融合的试验过程提供系统控制、数据与进程调度、虚实协同控制、试验过程展示等功能，具体来讲，原型系统节点分布主要由 7 个节点组成：虚实试验管理与控制节点、目标航迹产生节点、虚拟推演节点、被试武器系统仿真节点、被试武器系统接口节点、测量设备节点、测量设备接口节点。各个节点通过试验与训练使能结构 TENA 实现仿真互操作，从而构成一个统一的高炮武器系统（对空）射击试验平行仿真系统。其中，虚实试验管理与控制节点、目标航迹产生节点、虚拟推演节点、被试武器系统接口节点、测量设备接口节点直接与 TENA 互联；武器系统仿真节点和测量设备仿真节点并没有直接与 TENA 互联，而是首先通过串口实现与被试武器系统仿真节点和测量设备仿真节点的互联，以突出与平行试验思想一致的目的，进而分别通过被试武器系统接口节点和测量设备接口节点实现与 TENA 的互操作。

7.4.2 各个节点功能与界面

1. 虚实试验管理与控制节点

虚实试验管理与控制节点操作界面如图 7-22 所示。主要功能包括：TENA 互联环境的建立与维护，自身加入 TENA 服务器；通过打开初始化文件配置方案参数（试验类型、试验时间）、被视频参数（武器系统靶场坐标系下坐标、武器系统安全射界）、参试品目标类型（飞机/靶机）、光测设备参数（测试指标、设备类型、光测设备靶场坐标系下坐标)、雷达设备参数(设备类型、设备编号、设备靶场坐标系下坐标);通过单击被试武器系统初始化按钮和虚拟推演节点初始化按钮发布两个节点的初始化配置信息。

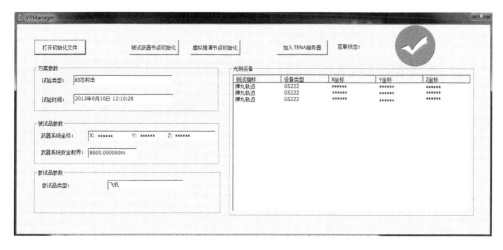

图 7-22　虚实试验管理与控制节点操作界面

2. 目标航迹产生节点

目标航迹产生节点操作界面如图 7-23 所示。主要功能包括:加入 TENA 服务器,实现与其他节点的互操作;从基于抽样的航迹生成方法或者基于误差模型的航迹生成方法而得到航迹数据库中,选择目标真值文件和目标测量值文件;将产生的航迹通过 TENA 发送给相应节点,其中目标测量值发送给武器系统接口节点,目标真值发送给虚拟推演节点和测量设备接口节点;试验运行时实时显示当前的目标真值和目标测量值数据;试验完毕后单击 RESET 按钮进行试验回放。

3. 虚拟推演节点

虚拟推演节点通过构建试验平行仿真环境,将被试品、被试品目标、参试品、参试品目标、综合自然环境等虚拟模型集成到统一的试验环境中,并通过加入 TENA 服务器,实现与其他节点的互操作,以逼真的反映虚拟射击试验过程,是直观显示虚拟射击试验过程的关键。课题组利用计算机分屏显示、多屏拼接技术,将虚拟空间投影到分辨率为 5760×2160 的显示屏上。虚拟推演节点操作界面显示原理如图 7-24 所示。左图显示的是一个六屏主机和六个显示器;系统运行在 6

屏模式下,每屏的分辨率为 1920×1080,需要将屏幕拼接为 5760×2160 的整块屏幕;右图显示的是屏幕拼接过程,其中 1 号、2 号、3 号屏幕经投影仪投影和拼接显示到大型 LED 显示器上(后文中所提及的虚拟推演节点操作界面指的就是 1 号、2 号、3 号屏幕的显示内容,分辨率为 5760×1080),4 号、5 号屏幕显示的是高炮虚拟模型和测量设备虚拟模型,6 号屏幕实际未显示内容。

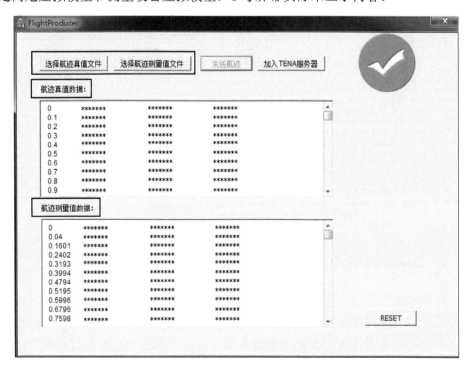

图 7-23 目标航迹产生节点操作界面

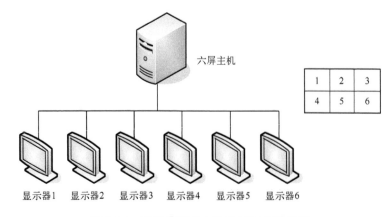

图 7-24 虚拟推演节点操作界面显示原理

第 7 章　TENA 靶场异构资源互联技术

根据试验阶段不同，虚拟推演节点操作界面设计有两个阶段，即初始化阶段界面和运行界面。虚拟推演节点初始化阶段操作界面设计图如图 7-25 所示。操作界面分为三个区域：区域 1、区域 2、区域 3。区域 1 为视角切换界面，主要包括三种漫游：阵地漫游（武器漫游、雷达漫游）、设备漫游（设备 1 漫游、设备 2 漫游、设备 3 漫游）、场区漫游（航路漫游、公路漫游）；通过漫游，操作人员可直观看到靶场各试验要素和靶场环境。通过点击漫游相机按钮，即可进行所指定的漫游，除了按钮控制还可以键盘控制，具体配置和功能见表 7-6。区域 2 为虚拟空间界面，虚拟空间界面以靶场全景的形式显示根据真实靶场而生成的虚拟场景。区域 3 为方案相关参数信息显示界面，主要包括武器系统坐标、目标初始坐标、雷达设备坐标、射击范围、光测设备参数（测试指标、设备类型、设备编号、位置坐标），能让操作人员总体了解试验方案的基本参数信息。虚拟推演节点初始化阶段操作界面如图 7-26 所示。

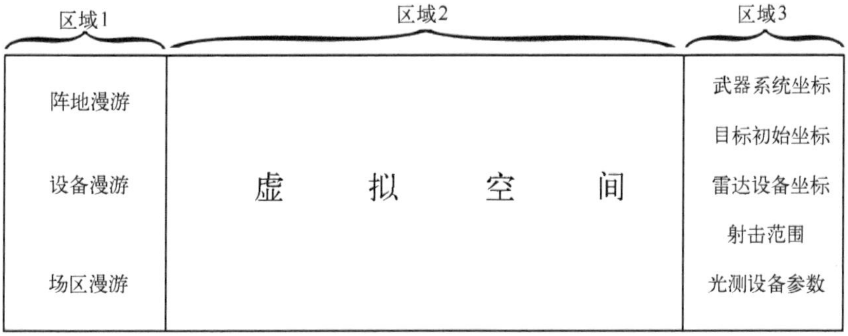

区域1	区域2	区域3
阵地漫游	虚拟空间	武器系统坐标 目标初始坐标
设备漫游		雷达设备坐标 射击范围
场区漫游		光测设备参数

图 7-25　虚拟推演节点初始化阶段操作界面设计图

表 7-6　虚拟推演节点快捷键配置及其功能

快捷键	功能	快捷键	功能
Q	阵地漫游	S	雷达漫游
W	设备漫游	D	设备 1 漫游
E	公路漫游	F	设备 2 漫游
R	航路漫游	G	设备 3 漫游
A	武器漫游		

注：飞机飞行之后，按键不能使用。

图 7-26　虚拟推演节点初始化阶段操作界面

虚拟推演节点运行操作界面设计图如图 7-27 所示。区域 1 为试验信息显示界面，主要包括目标航迹真值信息（靶场坐标、航程数据）、设备数据（设备名称和编号、设备姿态方位角、设备姿态高低角、是否拍摄）、武器姿态信息（武器方位角、武器高低角）、弹丸轨迹信息（靶场坐标数据）、脱靶量计算结果。区域 2 为虚拟空间界面，在虚拟空间中，通过对目标实体行为建模来逼真反映射击试验过程，主要包括实现虚拟靶机飞行、虚拟弹丸飞行、高炮武器系统跟踪、射击、测量设备跟踪等，并通过不同颜色的线来表征航迹线、射击线、跟踪线等，更逼真地显示试验各要素之间的关系；系统运行时在虚拟空间左侧会显示试验进程提示信息，提醒试验操作人员进行相应试验操作、把控试验进程；最终在虚拟空间根据目标真值数据和弹丸轨迹信息计算得到脱靶量结果。区域 3 为试验视角界面，主要包括飞机视角、武器视角、设备视角，以实时显示三种试验要素的真实状态。虚拟推演节点运行操作界面如图 7-28 所示。

区域1	区域2	区域3
航迹信息	试验进程显示	飞机视角
设备数据		
武器姿态	虚　拟　空　间	武器视角
弹丸轨迹信息		
脱靶量计算结果		设备视角

图 7-27　虚拟推演节点运行操作界面设计图

图 7-28　虚拟推演节点运行操作界面

(1)测量设备接口节点。测量设备接口节点操作界面如图 7-29 所示。主要功能包括：模式选择（自动控制/手动控制）；加入 TENA 服务器，实现与其他节点的互操作；显示测量设备接口节点和设备仿真节点串口号及 OS 设备方位角（手动控制模式下）；显示雷达位置信息和测量设备位置信息；显示虚实试验管理与控制节点发送来的目标真值数据；根据目标真值信息，显示设备姿态信息（高低角、方位角、当前时间）；接受并显示测量设备仿真节点发送来的弹丸轨迹信息（靶场坐标数据）。

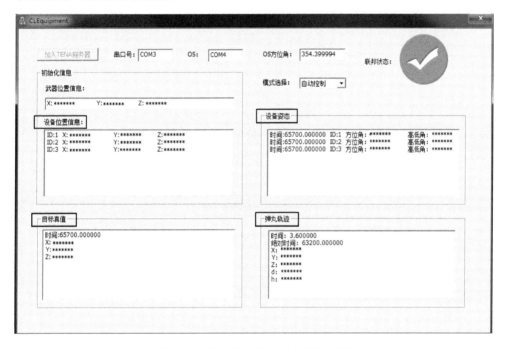

图 7-29　测量设备接口节点操作界面

(2)测量设备仿真节点。测量设备仿真节点操作界面如图 7-30 所示。主要功能包括：通过打开与测量设备仿真节点之间的串口，实现与其他节点的互联；显示雷达位置信息、设备位置信息、目标真值信息；解算并显示设备姿态信息（高低角、方位角、当前时间）；计算、发送、显示弹丸坐标数据。

(3)被试武器系统接口节点。被试武器系统接口节点操作界面如图 7-31 所示。主要功能为：加入 TENA 服务器，实现与其他节点的互操作；显示武器系统接口节点的串口号；显示炮位信息、雷达数据信息（根据目标测量值换算而来）、联邦状态、高炮射击状态，显示武器系统姿态信息。

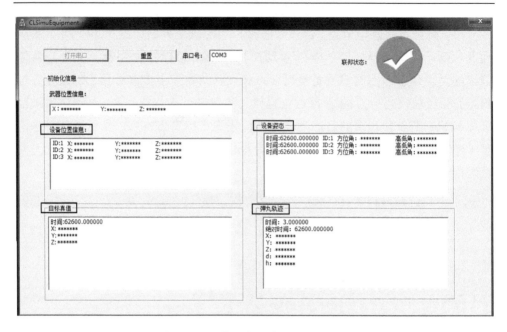

图 7-30 测量设备仿真节点操作界面

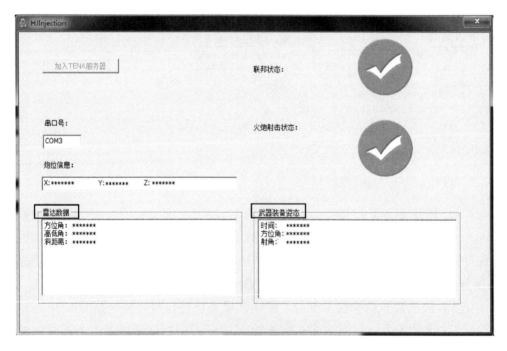

图 7-31 被试武器系统接口节点操作界面

（4）被试武器系统仿真节点。被试武器系统仿真节点操作界面如图 7-32 所示。主要功能包括：通过打开串口和与武器系统接口节点互联实现与其他节点仿真互操作，显示串口号和是否打开串口；显示炮位信息、雷达数据信息；显示航程信息和射弹飞行时间 t_f 值；根据目标测量值数据解算武器系统姿态信息，并传给虚拟推演节点。

图 7-32　被试武器系统仿真节点操作界面

7.4.3　系统整体运行的时序图

系统运行主要分为三个阶段：初始化阶段、射击前阶段、射击后阶段。

1．初始化阶段

（1）被试武器系统仿真节点和设备仿真节点打开串口，各节点形成组网状态；

（2）虚实试验管理与控制节点打开 TENA 服务器，各节点加入 TENA 服务器，试验开始；

（3）虚实试验管理与控制节点通过打开初始化文件，将被试品初始化信息、参试品初始化信息、虚拟环境初始化信息、发送给被试武器系统仿真节点、设备仿真节点、虚拟推演节点，完成初始化设置。

2. 射击前阶段（含射击）

（1）航迹产生节点将目标测量值数据通过被试武器系统接口节点实时发送给被试武器系统仿真节点，用于解算被试武器系统姿态；被试武器系统仿真节点将武器系统姿态信息通过被试武器系统接口节点实时发送给虚拟推演节点，用于驱动炮管虚拟模型根据相应姿态信息做跟踪虚拟靶机运动；

（2）航迹产生节点将目标真值数据通过测量设备接口节点实时发送给测量设备仿真节点，用于解算测量设备姿态；测量设备仿真节点将测量设备姿态信息通过测量设备接口节点实时发送给虚拟推演节点，用于驱动测量设备虚拟模型根据相应姿态信息跟拍；另外，航迹产生节点将目标真值数据实时发送给虚拟推演节点，用于驱动虚拟靶机飞行；

（3）靶机飞至射击范围内（一般为射击特征点）后，被试武器系统仿真节点产生射击事件，被试武器系统仿真节点将射击事件通过被试武器系统接口节点发送给虚拟推演节点和测量设备接口节点；测量设备接口节点将射击事件发送给测量设备仿真节点，测量设备仿真节点实时解算弹丸坐标数据，并将弹丸坐标数据通过串口发送给测量设备接口节点，进而发送给虚拟推演节点驱动虚拟弹丸飞行。

3. 射击后阶段

（1）在虚拟空间中，测量设备拍摄同帧画幅；

（2）在虚拟空间中，利用目标真值和弹丸轨迹计算虚拟弹丸和虚拟靶机之间的相对距离，取最小值后得到被试武器系统脱靶量；

（3）系统运行过程中，存储相关试验信息，用于试验回放；

（4）试验结束。

系统整体运行的时序图如图 7-33 所示。

第 7 章 TENA 靶场异构资源互联技术

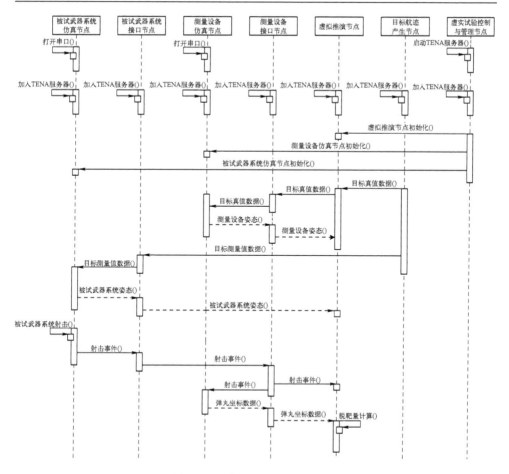

图 7-33 系统整体运行时序图

参 考 文 献

[1] 韦国军, 武勇. 一种军民两用的试验技术——虚拟试验技术靶场发展分析[C]. 2011 国防科技工业科学发展论坛论文集: 87-91.

[2] 孟宪国. 面向服务的广域网环境下武器装备训练仿真支撑技术研究[D]. 石家庄: 军械工程学院, 2009.

[3] 关萍萍. 虚拟靶场运行支撑体系结构研究[J]. 计算机测量与控制, 2009, 17(12): 2475-2477.

[4] 杜子芳. 抽样技术及其应用[M]. 北京: 清华大学出版社, 2005.

[5] 阎章更. 数据的统计分析[M]. 北京: 国防工业出版社, 2001.

[6] 王建功, 王春明, 江良剑. 动态精度飞行试验误差数据处理模型的建立与计算[J]. 中国雷达, 2011(2): 20-23.

[7] 包严科, 李娜. 数理统计与 MATALB 数据处理[M]. 沈阳: 东北大学出版社, 2008.

[8] 梁冠辉, 朱元昌, 邸彦强. 基于 HLA/Virtools 的高炮火控系统仿真平台设计[J]. 系统仿真学报, 2009, 21(21): 6954-6958.

[9] 郝继平, 李军, 李昕泽, 等. 目标探测精度试验的样本和航次数量设计及其应用[J]. 中北大学学报(自然科学版), 2008, 29(4): 380-384.

[10] 关萍萍, 翟正军. 虚拟靶场运行支撑体系结构研究[J]. 计算机测量与控制, 2009, 17(2): 2475-2478.

[11] Wang X R, Li B H. Modeling & simulation in China[C]. Proceedings of the 4th Beijing International Conference on System Simulation and Scientific Computing, 1999: 1-4.

[12] 李伯虎, 柴旭东, 等. 现代建模与仿真技术发展中的几个焦点[J]. 系统仿真学报, 2004, 16(9): 1871-1879.

[13] 杨琳. 高炮武器系统射击试验仿真推演环境研究与实现[D]. 石家庄: 军械工程学院, 2009.

[14] 中国人民解放军总装备部军事训练教材编辑工作委员会. 火控试验鉴定技术[M]. 北京: 国防工业出版社, 2004.

[15] 中国人民解放军总装备部军事训练教材编辑工作委员会. 电子装备试验数据处理[M]. 北京: 国防工业出版社, 2002.

[16] Liu C G, Chai Y, Qi F, et al. Design and research of TT & coriented generation of digital range environments[J]. Journal of Chongqing University，2007，30(9)：88-92.

[17] 任佳,雷斌. 虚拟试验场技术在靶场试验计划验证中的应用[J]. 工业控制计算机,2007, 20(2)：7-8.

[18] 陈广林,郑建福,高雪. 虚拟靶场技术发展趋势及靶场应用[J]. 兵器试验,2008(5)：42-48.

[19] 萧海林. 信息作战试验训练靶场系统结构研究[J]. 装备指挥技术学院学报,2007, 18(6)：114-117.

[20] 代坤,赵雯,张灏龙,等. 基于TENA的虚拟试验实现技术研究[J]. 系统仿真学报,2011, 21(5)：857-863.

[21] Cignoni P, Ganovelli F, Gobbetti E, et al. Interactive out-of-core visualisation of very large landscapes on commodity graphics platform[M]. Berlin Heidelberg：Springer-Verlag Press, 2003.

[22] Yan H S, Lou R J. Information operation proving ground and its system architecture[J]. Computer Simulation, 2005，6.

[23] Ren X Q, Du C L. Applications of data fusion key technologies on shooting range testing system[J]. Computer Measurement & Control, 2005.

[24] 李一,冯楠. 反舰导弹突防虚实合成试验方法[J]. 火力与指挥控制,2012,37(10)：185-188.

[25] 中国人民解放军第三十一试验训练基地. GJB3856—1999高炮综合体定型试验规程[S]. 北京：中国人民解放军总装备部,1999.

[26] 张恒,张茂军,刘少华. 三维大地形模型的生成与管理方法研究[J]. 系统仿真学报, 2005，17(2)：388-389.

[27] Mustafa Agil Muhamad Balbed, Nazrita Ibrahim, Azmi Mohd Yusof. Implementation of virtual environment using vIRTOOLS[C]. Fifth International Conference on Computer Graphics, Imaging and Visualization, 2008,12：101-106.

[28] 徐未强. 高炮武器系统射击试验测控方案设计与优化技术研究[D]. 石家庄：军械工程学院,2010.

[29] 常显奇,程永生. 常规武器装备试验学[M]. 北京：国防工业出版社,2007.

[30] 韩子鹏,等. 弹箭外弹道学[M]. 北京：北京理工大学出版社,2008.

[31] 杨琳,孟宪国,朱元昌,等. 基于仿真推演的高炮射击脱靶量解算方法[J]. 火力与指挥控制,2013,38(11)：72-76.

[32] 盛骤，谢式千，潘承毅. 概率论与数理统计[M]. 北京：高等教育出版社，2000：195-200.

[33] 王学慧. 并行与分布式仿真系统中的时间管理技术研究[D]. 长沙：国防科学技术大学，2006.

[34] 黄柯棣，邱晓刚. 建模与仿真技术[M]. 长沙：国防科学技术大学出版社，2010.

[35] 程勇刚. 基于游戏引擎的虚拟训练系统设计技术研究与应用[D]. 石家庄：军械工程学院，2008.

[36] 徐忠富，王国玉，张玉竹，等. TENA 的现状与展望[J]. 系统仿真学报，2008，20(23)：6325-6330.

[37] 刘明昆. 三维游戏设计师宝典——Virtools 游戏开发实战篇[M]. 汕头：汕头大学出版社，2006.

[38] 齐全跃，等. 跟踪雷达测量误差的统计模型Ⅰ（模型的建立）[J]. 应用数学学报, 1997, 20 (1)：161-174.

[39] 齐全跃，等. 跟踪雷达高低角测量误差的统计分析 [J]. 系统工程理论与实践, 1997, 7：77-82.